石油企业岗位练兵手册

采油测试工

（测试技术服务单位专用）

（第二版）

大庆油田有限责任公司　编

石 油 工 业 出 版 社

内 容 提 要

本书采用问答形式，对采油测试工应掌握的知识和技能进行了详细介绍。主要内容可分为基本素养、基础知识、基本技能三部分。基本素养包括企业文化、发展纲要和职业道德等内容，基础知识包括与工种岗位密切相关的专业知识和 HSE 知识等内容，基本技能包括操作技能和常见故障判断处理等内容。本书适合采油测试工阅读使用。

图书在版编目（CIP）数据

采油测试工 . 测试技术服务单位专用 / 大庆油田有限责任公司编 . —2 版 . —北京：石油工业出版社，2023.9
（石油企业岗位练兵手册）
ISBN 978-7-5183-6129-8

Ⅰ.①采 …　Ⅱ.①大 …　Ⅲ.①油气测井－技术手册
Ⅳ.① TE151-62

中国国家版本馆 CIP 数据核字（2023）第 133311 号

出版发行：石油工业出版社
　　　　　（北京市朝阳区安华里 2 区 1 号楼　100011）
　　　　　网　　址：www.petropub.com
　　　　　编辑部：（010）64240756
　　　　　图书营销中心：（010）64523633
经　　销：全国新华书店
印　　刷：北京中石油彩色印刷有限责任公司
2023 年 9 月第 2 版　2023 年 9 月第 1 次印刷
880×1230 毫米　开本：1/32　印张：8.625
字数：216 千字
定价：48.00 元
（如出现印装质量问题，我社图书营销中心负责调换）

前言

　　岗位练兵是大庆油田的优良传统，是强化基本功训练、提升员工素质的重要手段。新时期、新形势下，按照全面加强"三基"工作的有关要求，为进一步强化和规范经常性岗位练兵活动，切实提高基层员工队伍的基本素质，按照"实际、实用、实效"的原则，大庆油田有限责任公司人事部组织编写、修订了基层员工《石油企业岗位练兵手册》丛书。围绕提升政治素养和业务技能的要求，本套丛书架构分为基本素养、基础知识、基本技能三部分，基本素养包括企业文化（大庆精神铁人精神、优良传统）、发展纲要和职业道德等内容；基础知识包括与工种岗位密切相关的专业知识和HSE知识等内容；基本技能包括操作技能和常见故障判断处理等内容。本套丛书的编写，严格依据最新行业规范和技术标准，同时充分结合目前专业知识更新、生产设备调整、操作工艺优化等实际情况，具有突出的实用性和规范性的特点，既能作为基层开展岗位练兵、提高业务技能的实用教材，也可以作为员工岗位自学、单位开展技能竞赛的参考资料。

希望各单位积极应用，充分发挥本套丛书的基础性作用，持续、深入地抓好基层全员培训工作，不断提升员工队伍整体素质，为实现公司科学发展提供人力资源保障。同时，希望各单位结合本套丛书的应用实践，对丛书的修改完善提出宝贵意见，以便更好地规范和丰富丛书内容，为基层扎实有效地开展岗位练兵活动提供有力支撑。

大庆油田有限责任公司人事部

2023 年 4 月 28 日

目录

第一部分　基本素养

第二部分　基础知识

第三部分　基本技能

第一部分
基本素养

 企业文化

（一）名词解释

1.**石油精神**：石油精神以大庆精神铁人精神为主体，是对石油战线企业精神及优良传统的高度概括和凝练升华，是我国石油队伍精神风貌的集中体现，是历代石油人对人类精神文明的杰出贡献，是石油石化企业的政治优势和文化软实力。其核心是"苦干实干""三老四严"。

2.**大庆精神**：为国争光、为民族争气的爱国主义精神；独立自主、自力更生的艰苦创业精神；讲究科学、"三老四严"的求实精神；胸怀全局、为国分忧的奉献精神，凝练为"爱国、创业、求实、奉献"8个字。

3.**铁人精神**："为国分忧、为民族争气"的爱国主义精神；"宁肯少活二十年，拼命也要拿下大油田"的忘我拼搏精神；"有条件要上，没有条件创造条件也要上"的艰苦奋斗精神；"干工作要经得起子孙万代检查""为革命练一身硬功夫、真本事"的科学求实精神；"甘愿为党和人民当一辈子老黄牛"、埋头苦干的无私奉献精神。

4.**三超精神**：超越权威，超越前人，超越自我。

5.**艰苦创业的六个传家宝**：人拉肩扛精神，干打垒精神，五把铁锹闹革命精神，缝补厂精神，回收队精神，修旧利废精神。

6.**三要十不**："三要"：一要甩掉石油工业的落后帽子；二要高速度、高水平拿下大油田；三要在会战中夺冠军，争取集体荣誉。"十不"：第一，不讲条件，就是说有条件要上，没有条件创造条件上；第二，不讲时间，特别是工作紧张时，大家都不分白天黑夜地干；第三，不讲报酬，干啥都是为了革命，为了石油，而不光是为了个人的物质报酬而劳动；第四，不分级别，有工作大家一起干；第五，不讲职务高低，不管是局长、队长，都一起来；第六，不分你我，互相支援；第七，不分南北东西，就是不分玉门来的、四川来的、新疆来的，为了大会战，一个目标，大家一起上；第八，不管有无命令，只要是该干的活就抢着干；第九，不分部门，大家同心协力；第十，不分男女老少，能干什么就干什么、什么需要就干什么。这"三要十不"，激励了几万职工团结战斗、同心协力、艰苦创业，一心为会战的思想和行动，没有高度觉悟是做不到的。

7.**三老四严**：对待革命事业，要当老实人，说老实话，办老实事；对待工作，要有严格的要求，严密的组织，严肃的态度，严明的纪律。

8.**四个一样**：对待革命工作要做到，黑天和白天一个样，坏天气和好天气一个样，领导不在场和领导在场一个样，没有人检查和有人检查一个样。

9. **思想政治工作"两手抓"**：抓生产从思想入手，抓思想从生产出发。这是大庆人正确处理思想政治工作与经济工作关系的基本原则，也是大庆人思想政治工作的一条基本经验。

10. **岗位责任制管理**：大庆油田岗位责任制，是大庆石油会战时期从实践中总结出来的一整套行之有效的基础管理方法，也是大庆油田特色管理的核心内容。其实质就是把全部生产任务和管理工作落实到各个岗位上，给企业每个岗位人员都规定出具体的任务、责任，做到事事有人管，人人有专责，办事有标准，工作有检查。它包括工人岗位责任制、基层干部岗位责任制、领导干部和机关干部岗位责任制。工人岗位责任制一般包括岗位专责制、交接班制、巡回检查制、设备维修保养制、质量负责制、岗位练兵制、安全生产制、班组经济核算制等8项制度；基层干部岗位责任制包括岗位专责制、工作检查制、生产分析制、经济活动分析制、顶岗劳动制、学习制度等6项制度；领导干部和机关干部岗位责任制包括岗位专责制、现场办公制、参加劳动制、向工人学习日制、工作总结制、学习制度等6项制度。

11. **三基工作**：以党支部建设为核心的基层建设，以岗位责任制为中心的基础工作，以岗位练兵为主要内容的基本功训练。

12. **四懂三会**：这是在大庆石油会战时期提出的对各行各业技术工人必备的基本知识、基本技能的基本要求，也是"应知应会"的基本内容。四懂即懂设备结构、懂设备原理、懂设备性能、懂工艺流程。三会即会操作、会维修保养、会排除故障。

13. **五条要求**：人人出手过得硬，事事做到规格化，项项工程质量全优，台台在用设备完好，处处注意勤俭节约。

14. **会战时期"五面红旗"**：王进喜、马德仁、段兴枝、薛国邦、朱洪昌。

15. **新时期铁人**：王启民。

16. **大庆新铁人**：李新民。

17. **新时代履行岗位责任、弘扬严实作风"四条要求"**：要人人体现严和实，事事体现严和实，时时体现严和实，处处体现严和实。

18. **新时代履行岗位责任、弘扬严实作风"五项措施"**：开展一场学习，组织一次查摆，剖析一批案例，建立一项制度，完善一项机制。

（二）问答

1. 简述大庆油田名称的由来。

1959 年 9 月 26 日，新中国成立十周年大庆前夕，位于黑龙江省原肇州县大同镇附近的松基三井喷出了具有工业价值的油流，为了纪念这个大喜大庆的日子，当时黑龙江省委第一书记欧阳钦同志建议将该油田定名为大庆油田。

2. 中共中央何时批准大庆石油会战？

1960 年 2 月 13 日，石油工业部以党组的名义向中共中央、国务院提出了《关于东北松辽地区石油勘探情况和今后部署问题的报告》。1960 年 2 月 20 日中共中央正式批准大庆石油会战。

3. 什么是"两论"起家？

1960 年 4 月 10 日，大庆石油会战一开始，会战领导小组就以石油工业部机关党委的名义作出了《关于学习毛泽东同志所著〈实践论〉和〈矛盾论〉的决定》，号召广大会战职工学习毛泽东同志的《实践论》《矛盾论》和毛泽东同志的其他著作，以马列主义、毛泽东思想指导石油大会战，用辩证唯物主义的立场、观点、方法，认识油田规律，分析和解决会战中遇到的各种问题。广大职工说，我们的会战是靠"两论"起家的。

4. 什么是"两分法"前进？

即在任何时候，对任何事情，都要用"两分法"，形势好的时候要看到不足，保持清醒的头脑，增强忧患意识，形势严峻的时候更要一分为二，看到希望，增强发展的信心。

5. 简述会战时期"五面红旗"及其具体事迹。

"五面红旗"喻指大庆石油会战初期涌现的五位先进榜样：王进喜、马德仁、段兴枝、薛国邦、朱洪昌。钻井队长王进喜带领队伍人拉肩扛抬钻机，端水打井保开钻，在发生井喷的危急时刻，奋不顾身跳下泥浆池，用身体搅拌泥浆制服井喷。钻井队长马德仁在泥浆泵上水管线冻结时，不畏严寒，破冰下泥浆池，疏通上水管线。钻井队长段兴枝在吊车和拖拉机不足的情况下，利用钻机本身的动力设施，解决了钻机搬家的困难。大庆油田第一个采油队队长薛国邦自制绞车，给第一批油井清蜡，又手持蒸汽管下到油池里化开凝结的原油，保证了大庆油田首次原油外运列车顺利启程。工程队队长朱洪昌在供水管线漏水时，用手捂着漏点，忍着灼烧的疼痛，让焊工焊接裂缝，保证了供水工程提前竣工。

6. 大庆油田投产的第一口油井和试注成功的第一口水井各是什么？

1960年5月16日，大庆油田第一口油井中7-11井投产；1960年10月18日，大庆油田第一口注水井7排11井试注成功。

7. 大庆石油会战时期讲的"三股气"是指什么？

对一个国家来讲，就要有民气；对一个队伍来讲，就要有士气；对一个人来讲，就要有志气。三股气结合起来，就会形成强大的力量。

8. 什么是"九热一冷"工作法？

大庆石油会战中创造的一种领导工作方法。是指在1旬中，有9天"热"，1天"冷"。每逢十日，领导干部再忙，也要坐在一起开务虚会，学习上级指示，分析形势，总结经验，从而把感性认识提高到理性认识上来，使领导作风和领导水平得到不断改进和提高。

9. 什么是"三一""四到""五报"交接班法？

对重要的生产部位要一点一点地交接、对主要的生产数据要一个一个地交接、对主要的生产工具要一件一件地交接。交接班时应该看到的要看到、应该听到的要听到、应该摸到的要摸到、应该闻到的要闻到。交接班时报检查部位、报部件名称、报生产状况、报存在的问题、报采取的措施，开好交接班会议，会议记录必须规范完整。

10. 大庆油田原油年产5000万吨以上持续稳产的时间是哪年？

1976年至2002年，大庆油田实现原油年产5000万吨以上连续 27 年高产稳产，创造了世界同类油田开发史上的奇迹。

11. 大庆油田原油年产 4000 万吨以上持续稳产的时间是哪年？

2003 年至 2014 年，大庆油田实现原油年产 4000 万吨以上连续 12 年持续稳产，继续书写了"我为祖国献石油"新篇章。

12. 中国石油天然气集团有限公司企业精神是什么？

石油精神和大庆精神铁人精神。

13. 中国石油天然气集团有限公司的主营业务是什么？

中国石油天然气集团有限公司是国有重要骨干企业和全球主要的油气生产商和供应商之一，是集国内外油气勘探开发和新能源、炼化销售和新材料、支持和服务、资本和金融等业务于一体的综合性国际能源公司，在全球 32 个国家和地区开展油气投资业务。

14. 中国石油天然气集团有限公司的企业愿景和价值追求分别是什么？

企业愿景：建设基业长青世界一流综合性国际能源公司；

企业价值追求：绿色发展、奉献能源，为客户成长增动力、为人民幸福赋新能。

15. 中国石油天然气集团有限公司的人才发展理念是什么？

生才有道、聚才有力、理才有方、用才有效。

16. 中国石油天然气集团有限公司的质量安全环保理念是什么？

以人为本、质量至上、安全第一、环保优先。

17. 中国石油天然气集团有限公司的依法合规理念是什么？

法律至上、合规为先、诚实守信、依法维权。

 发展纲要

（一）名词解释

1.**三个构建**：一是构建与时俱进的开放系统；二是构建产业成长的生态系统；三是构建崇尚奋斗的内生系统。

2.**一个加快**：加快推动新时代大庆能源革命。

3.**抓好"三件大事"**：抓好高质量原油稳产这个发展全局之要；抓好弘扬严实作风这个标准价值之基；抓好发展接续力量这个事关长远之计。

4.**谱写"四个新篇"**：奋力谱写"发展新篇"；奋力谱写"改革新篇"；奋力谱写"科技新篇"；奋力谱写"党建新篇"。

5.**统筹"五大业务"**：大力发展油气业务；协同发展服务业务；加快发展新能源业务；积极发展"走出去"业务；特色发展新产业新业态。

6.**"十四五"发展目标**：实现"五个开新局"，即稳油增气开新局；绿色发展开新局；效益提升开新局；幸福生活开新局；企业党建开新局。

7.**高质量发展重要保障**：思想理论保障；人才支持保障；基础环境保障；队伍建设保障；企地协作保障。

（二）问答

1. 习近平总书记致大庆油田发现 60 周年贺信的内容是什么？

值此大庆油田发现 60 周年之际，我代表党中央，向大庆油田广大干部职工、离退休老同志及家属表示热烈的祝贺，并致以诚挚的慰问！

60 年前，党中央作出石油勘探战略东移的重大决策，广大石油、地质工作者历尽艰辛发现大庆油田，翻开了中国石油开发史上具有历史转折意义的一页。60 年来，几代大庆人艰苦创业、接力奋斗，在亘古荒原上建成我国最大的石油生产基地。大庆油田的卓越贡献已经镌刻在伟大祖国的历史丰碑上，大庆精神、铁人精神已经成为中华民族伟大精神的重要组成部分。

站在新的历史起点上，希望大庆油田全体干部职工不忘初心、牢记使命，大力弘扬大庆精神、铁人精神，不断改革创新，推动高质量发展，肩负起当好标杆旗帜、建设百年油田的重大责任，为实现"两个一百年"奋斗目标、实现中华民族伟大复兴的中国梦作出新的更大的贡献！

2. 当好标杆旗帜、建设百年油田的含义是什么？

当好标杆旗帜——树立了前行标尺，是我们一切工作的根本遵循。大庆油田要当好能源安全保障的标杆、国企深化改革的标杆、科技自立自强的标杆、赓续精神血脉的标杆。

建设百年油田——指明了前行方向，是我们未来发展的奋斗目标。百年油田，首先是时间的概念，追求能源主业的升级发展，建设一个基业长青的百年油田；百年油田，也是空间的拓展，追求发展舞台的开辟延伸，建设一个走向世界的百年油田；百年油田，更是精神的赓续，追求红色基因的传承弘扬，建设一个旗帜高扬的百年油田。

3. 大庆油田 60 多年的开发建设取得的辉煌历史有哪些？

大庆油田 60 多年的开发建设，为振兴发展奠定了坚实基础。建成了我国最大的石油生产基地；孕育形成了大庆精神铁人精神；创造了世界领先的陆相油田开发技术；打造了过硬的"铁人式"职工队伍；促进了区域经济社会的繁荣发展。

4. 开启建设百年油田新征程两个阶段的总体规划是什么？

第一阶段，从现在起到 2035 年，实现转型升级、高质量发展；第二阶段，从 2035 年到本世纪中叶，实现基业长青、百年发展。

5. 大庆油田"十四五"发展总体思路是什么？

坚持以习近平新时代中国特色社会主义思想为指导，深入贯彻落实党的二十大精神，牢记践行习近平总书记重要讲话重要指示批示精神特别是"9·26"贺信精神，完整、准确、全面贯彻新发展理念，服务和融入新发展格局，立足增强能源供应链稳定性和安全性，贯彻落实国家"十四五"现代能源体系规划，认真落实中国石油天然气集团有限公司党组和黑龙江省委省政府部署要求，全面加强党的领导党的建设，坚持稳中求进工作总基调，突出高质量发展主题，遵循"四个坚持"兴企方略和"四化"治企准则，推进实施以抓好"三件大事"为总纲、以谱写"四个新篇"为实践、以统筹"五大业务"为发展支撑的总体战略布局，全面提升企业的创新力、竞争力和可持续发展能力，当好标杆旗帜、建设百年油田，开创油田高质量发展新局面。

6. 大庆油田"十四五"发展基本原则是什么？

坚持"九个牢牢把握"，即牢牢把握"当好标杆旗帜"这个根本遵循；牢牢把握"市场化道路"这个基本方向；牢牢把握"低成本发展"这个核心能力；牢牢把握"绿色低碳转型"这个发展趋势；牢牢把握"科技自立自强"这个战略支撑；牢牢把握"人才强企工程"这个重大举措；牢牢把握"依法合规治企"这个内在要求；牢牢把握"加强作风建设"这个立身之本；牢牢把握"全面从严治党"这个政治引领。

7. 中国共产党第二十次全国代表大会会议主题是什么？

高举中国特色社会主义伟大旗帜，全面贯彻新时代中国特色社会主义思想，弘扬伟大建党精神，自信自强、守正创新、踔厉奋发、勇毅前行，为全面建设社会主义现代化国家、全面推进中华民族伟大复兴而团结奋斗。

8. 在中国共产党第二十次全国代表大会上的报告中，中国共产党的中心任务是什么？

从现在起，中国共产党的中心任务就是团结带领全国各族人民全面建成社会主义现代化强国、实现第二个百年奋斗目标，以中国式现代化全面推进中华民族伟大复兴。

9. 在中国共产党第二十次全国代表大会上的报告中，中国式现代化的含义是什么？

中国式现代化，是中国共产党领导的社会主义现代化，既有各国现代化的共同特征，更有基于自己国情的中国特色。中国式现代化是人口规模巨大的现代化；中国式现代化是全体人民共同富裕的现代化；中国式现代化是物质文明和精神文明相协调的现代化；中国式现代化是人与自然和谐共生的现代化；中国式现代化是走和平发展道路的现代化。

10. 在中国共产党第二十次全国代表大会上的报告中，两步走是什么？

全面建成社会主义现代化强国，总的战略安排是分两步走：从二〇二〇年到二〇三五年基本实现社会主义现代化；从二〇三五年到本世纪中叶把我国建成富强民主文明和谐美丽的社会主义现代化强国。

11. 在中国共产党第二十次全国代表大会上的报告中，"三个务必"是什么？

全党同志务必不忘初心、牢记使命，务必谦虚谨慎、艰苦奋斗，务必敢于斗争、善于斗争，坚定历史自信，增强历史主动，谱写新时代中国特色社会主义更加绚丽的华章。

12. 在中国共产党第二十次全国代表大会上的报告中，牢牢把握的"五个重大原则"是什么？

坚持和加强党的全面领导；坚持中国特色社会主义道路；坚持以人民为中心的发展思想；坚持深化改革开放；坚持发扬斗争精神。

13. 在中国共产党第二十次全国代表大会上的报告中，十年来，对党和人民事业具有重大现实意义和深远意义的三件大事是什么？

一是迎来中国共产党成立一百周年，二是中国特色社会主义进入新时代，三是完成脱贫攻坚、全面建成小康社会的历史任务，实现第一个百年奋斗目标。

14. 在中国共产党第二十次全国代表大会上的报告中，坚持"五个必由之路"的内容是什么？

全党必须牢记，坚持党的全面领导是坚持和发展中国特色社会主义的必由之路,中国特色社会主义是实现中华民族伟大复兴的必由之路,团结奋斗是中国人民创造历史伟业的必由之路,贯彻新发展理念是新时代我国发展壮大的必由之路,全面从严治党是党永葆生机活力、走好新的赶考之路的必由之路。

 ## 三、 **职业道德**

(一)名词解释

1. **道德**:是调节个人与自我、他人、社会和自然界之间关系的行为规范的总和。

2. **职业道德**:是同人们的职业活动紧密联系的、符合职业特点所要求的道德准则、道德情操与道德品质的总和。

3. **爱岗敬业**:爱岗就是热爱自己的工作岗位,热爱自己从事的职业;敬业就是以恭敬、严肃、负责的态度对待工作,一丝不苟,兢兢业业,专心致志。

4. **诚实守信**:诚实就是真心诚意,实事求是,不虚假,不欺诈;守信就是遵守承诺,讲究信用,注重质量和信誉。

5. **劳动纪律**:是用人单位为形成和维持生产经营秩序,保证劳动合同得以履行,要求全体员工在集体劳动、工作、生活过程中,以及与劳动、工作紧密相关的其他过程中必须共同遵守的规则。

6. **团结互助**:指在人与人之间的关系中,为了实现共同的利益和目标，互相帮助，互相支持，团结协作，共同发展。

（二）问答

1. 社会主义精神文明建设的根本任务是什么？

适应社会主义现代化建设的需要，培育有理想、有道德、有文化、有纪律的社会主义公民，提高整个中华民族的思想道德素质和科学文化素质。

2. 我国社会主义道德建设的基本要求是什么？

爱祖国、爱人民、爱劳动、爱科学、爱社会主义。

3. 为什么要遵守职业道德？

职业道德是社会道德体系的重要组成部分，它一方面具有社会道德的一般作用，另一方面它又具有自身的特殊作用，具体表现在：（1）调节职业交往中从业人员内部以及从业人员与服务对象间的关系。（2）有助于维护和提高本行业的信誉。（3）促进本行业的发展。（4）有助于提高全社会的道德水平。

4. 爱岗敬业的基本要求是什么？

（1）要乐业。乐业就是从内心里热爱并热心于自己所从事的职业和岗位，把干好工作当作最快乐的事，做到其乐融融。（2）要勤业。勤业是指忠于职守，认真负责，刻苦勤奋，不懈努力。（3）要精业。精业是指对本职工作业务纯熟，精益求精，力求使自己的技能不断提高，使自己的工作成果尽善尽美，不断地有所进步、有所发明、有所创造。

5. 诚实守信的基本要求是什么？

（1）要诚信无欺。（2）要讲究质量。（3）要信守合同。

6. 职业纪律的重要性是什么?

职业纪律影响企业的形象,关系企业的成败。遵守职业纪律是企业选择员工的重要标准,关系到员工个人事业成功与发展。

7. 合作的重要性是什么?

合作是企业生产经营顺利实施的内在要求,是从业人员汲取智慧和力量的重要手段,是打造优秀团队的有效途径。

8. 奉献的重要性是什么?

奉献是企业发展的保障,是从业人员履行职业责任的必由之路,有助于创造良好的工作环境,是从业人员实现职业理想的途径。

9. 奉献的基本要求是什么?

(1)尽职尽责。要明确岗位职责,培养职责情感,全力以赴工作。(2)尊重集体。以企业利益为重,正确对待个人利益,树立职业理想。(3)为人民服务。树立为人民服务的意识,培育为人民服务的荣誉感,提高为人民服务的本领。

10. 企业员工应具备的职业素养是什么?

诚实守信、爱岗敬业、团结互助、文明礼貌、办事公道、勤劳节俭、开拓创新。

11. 培养"四有"职工队伍的主要内容是什么?

有理想、有道德、有文化、有纪律。

12. 如何做到团结互助?

(1)具备强烈的归属感。(2)参与和分享。(3)平等尊重。(4)信任。(5)协同合作。(6)顾全大局。

13.职业道德行为养成的途径和方法是什么？

（1）在日常生活中培养。从小事做起，严格遵守行为规范；从自我做起，自觉养成良好习惯。（2）在专业学习中训练。增强职业意识，遵守职业规范；重视技能训练，提高职业素养。（3）在社会实践中体验。参加社会实践，培养职业道德；学做结合，知行统一。（4）在自我修养中提高。体验生活，经常进行"内省"；学习榜样，努力做到"慎独"。（5）在职业活动中强化。将职业道德知识内化为信念；将职业道德信念外化为行为。

14.员工违规行为处理工作应当坚持的原则是什么？

（1）依法依规、违规必究；（2）业务主导、分级负责；（3）实事求是、客观公正；（4）惩教结合、强化预防。

15.对员工的奖励包括哪几种？

奖励种类包括通报表彰、记功、记大功、授予荣誉称号、成果性奖励等。在给予上述奖励时，可以是一定的物质奖励。物质奖励可以给予一次性现金奖励（奖金）或实物奖励，也可根据需要安排一定时间的带薪休假。

16.员工违规行为处理的方式包括哪几种？

员工违规行为处理方式分为：警示诫勉、组织处理、处分、经济处罚、禁入限制。

17.《中国石油天然气集团公司反违章禁令》有哪些规定？

为进一步规范员工安全行为，防止和杜绝"三违"现象，保障员工生命安全和企业生产经营的顺利进行，特制定本禁令。

一、严禁特种作业无有效操作证人员上岗操作；

二、严禁违反操作规程操作；

三、严禁无票证从事危险作业；

四、严禁脱岗、睡岗和酒后上岗；

五、严禁违反规定运输民爆物品、放射源和危险化学品；

六、严禁违章指挥、强令他人违章作业。

员工违反上述禁令，给予行政处分；造成事故的，解除劳动合同。

第二部分
基础知识

 专业知识

（一）名词解释

1. 试井：以渗流力学为基础，以各种测试仪器为手段，通过对油井、气井、水井生产动态的监测，来研究储层各种物理参数和油井、气井、水井的生产能力的一种方法。试井可为合理开发方案和措施的制订提供依据。

2. 不稳定试井：通过开、关油气井，引起储层压力的重新分布，在这个不稳定过程中测取井底压力随时间变化的资料，从而求得油（气）藏有关参数的试井方法。

3. 稳定试井：逐步地改变井的工作制度，测量出每一工作制度下稳定的井底压力、产油量、产液量、产气量、含砂量或注水量。这种试井方法称为稳定试井，也称系统试井。

4. 稳定试井曲线：油井稳定试井时，每个工作制度都要取得油、气、水的产量、流压、油压、套压、井温、含砂量等资料，用这些资料绘制的曲线称为稳定试井曲线。

5. 系统试井：通过系统改变井的工作制度来测定油、气井的产能的一种试井方法。

6. 压力恢复试井：压力恢复试井是不稳定试井中较常用的一种方法，可用于油井、气井和注水井。试井时，将原先以某一工作制度生产的油井、气井关井，使井底压力逐步恢复，用井下压力计测量井底压力随时间的恢复值。

7. 压力降落试井：压力降落试井是不稳定试井的一种，用于油井、气井和注水井。试井时，将关闭较长时间的井以某一稳定流量开井生产，用井下压力计记录井底压力随时间的降落值。

8. 探测液面法试井：探测液面高度随时间的变化，再把液面高度换算成井底压力，可获得压力降落或压力恢复试井资料。这是在没有自喷能力的井中常用的一种试井方法。

9. 脉冲试井：用一口激动井和若干口反映井组成测试井组，周期地改变激动井的产量或开井关井，用高灵敏度、高精度压力计连续记录反映井的压力变化的一种试井方法。根据这些压力变化资料，可对同层的连通情况及储层的导压系数、流动系数和储能系数的分布，即储层的各向异性作出描述。

10. 干扰试井：选择若干个包括激动井和反映井在内的毗邻井组，通过改变激动井的工作制度，使反映井中压力发生变化，并用高灵敏度和高精度的微差压力计连续记录反映井中的压力变化，然后根据这些测试资料来诊断和确定地层的连通方向和断层的密封程度，求出井间地层的流动系数、导压系数和储能系数等参数的一种试井方法。

11. 探边测试：用较长的测试时间，使流体达到拟稳定流状态，以获得拟稳定压力降落数据的一种压力降落试井方法。

12. 常规试井解释：采用均质径向流油层模型和传统的单（或半）对数坐标系，将已知的压力和时间的关系采用霍纳法、MDH 法处理从而求解地层参数和地层压力的方法。

13. 现代试井解释：运用系统分析概念和数值模拟技术，建立双对数分析方法，确立早期资料解释，给出半对数直线段开始的大致时间，提高半对数曲线分析的可靠性，并采用解释图版拟合法解释试井参数。

14. 渗流力学：研究流体通过各种多孔介质流动时的运动形态和运动规律的科学。

15. 达西定律：流体流经岩石时，流量与渗透率、横截面积、压差成正比，与黏度和流经距离成反比。

16. 续流：油井地面关井后，井下仍有油流从地层中继续流入井眼的现象。它表示井筒对储存或排空流体能力的特性。

17. 稳定流：井底压力和流量与时间无关的渗流。

18. 平面径向流：流体在平面上从中心井点向四周发散的流动方式。

19. 井筒储存效应：地面关井后，地层流体向井筒继续累积，地面开井后，地层流体不能马上流入井筒的现象，也称井筒续流、井筒加载、井筒卸载。

20. 双对数曲线：把压力降落或压力稳定的压差数据和测试时间数据画在双对数坐标中得到的曲线。

21. 测试半径：在一口井上，若使用一脉冲（瞬间注入或采出某一体积流体）引起压力反应，该脉冲的压力反应离井的距离。

22. 封闭边界：油藏被不渗透岩层或断层包围的边界。

23. **地层系数**：表示油井产能大小的参数，它是地层有效渗透率 K 与有效厚度 h 的乘积，即 Kh。

24. **压力系数**：原始地层压力与静水柱压力之比。

25. **表皮系数**：又称井底阻力系数，是表示井的完善程度的一个无量纲参数。表皮系数 S 可用完井半径 r_w 与井的折算半径 r_c 之比的自然对数来表示，即 $S=\ln r_w/r_c$。当 $r_w/r_c=1$ 时，S 为零，说明井是完善的；$r_w/r_c > 1$ 时，S 为正值，说明井是不完善的。

26. **流动系数**：表示流体在地层中流动难易程度的参数。它是地层系数与地层流体黏度的比值。

27. **体积系数**：质量相等的地下原油体积与地面脱气后原油体积之比。

28. **压缩系数**：单位体积原油在压力增减 0.1MPa 时，原油体积收缩或膨胀的程度。

29. **溶解系数**：在一定温度和压力条件下，压力每增加 0.1MPa 时，单位体积原油中所溶解天然气的量，单位为 $m^3/(m^3 \cdot MPa)$。

30. **井网**：油井、气井、水井在油（气）田上的排列和分布形态。

31. **开发方式**：依靠哪种能量驱油开发油田称为开发方式，分为依靠天然能量驱油和人工补给能量驱油两种方式。

32. **注水方式**：注水井在油田上的分布位置及注水井与生产井之间的比例关系和排列形式。注水方式的选择直接影响油田的采油速度、稳产年限、水驱效果及最终采收率。

33. **单层突进**：多储层注水开发的油田，由于层间差异所引起的注入水迅速沿某一储层不均匀推进的现象。

34. **局部舌进**：小层内部在平面上存在非均质性，各部位渗透率差别大，造成注入水的推进速度不一致，沿高渗透带推进快的现象。

35. **层间矛盾**：非均质、多油层油田开发，由于各油层岩性、物性和储层流体性质不同，注水开发后，层与层之间在吸水能力、水线推进速度、地层压力、采油速度、水淹状况等方面产生了差异，形成相互制约和干扰，影响各油层，尤其是中低渗透率油层发挥作用，这就是层间矛盾。

36. **平面矛盾**：一个油层在平面上由于渗透率高低不同，连通性不同，使井网对油层控制情况不同，注水后水线在一个方向上的推进速度有快有慢，促成同一油层井之间含水、产量、压力均不相同，这就构成了同一油层各井之间的差异，这种差异称为平面矛盾。

37. **层内矛盾**：在一个油层内部，由于油砂体颗粒有大有小，渗透率也不相同，注水后注入水沿阻力小的高渗透带突进，再加上地下油水黏度、表面张力、岩石表面性质的差异等，便形成了层内矛盾。

38. **地下亏空**：注入水的体积小于采出液量的地下体积。

39. **渗透率**：在一定的压差条件下，岩石能让液体通过的性质称为渗透性，渗透性的好坏用渗透率表示，单位为 μm^2，常用单位还有毫达西（mD），$1\mu m^2 = 1000mD$。

40. **孔隙度**：油层岩石中孔隙体积与岩石总体积的比值，是衡量孔隙性好坏的重要指标，以百分数表示。

41. **有效孔隙度**：油层岩石中那些相互连通的，且在一定压力条件下允许流体在其中流动的孔隙体积与油层岩石总体积的比值，以百分数表示。

42. **有效厚度**：具有出油的能力，并且在目前技术条件下能够开采的油层厚度。

43.基准面压力：由于油层深度不同，压力也不相同，为了正确对比井与井之间压力的高低，把所有的井都折算到同一海拔深度来比较，这一相同海拔高度的压力称为基准面压力。

44.原油凝点：在规定条件下，原油冷却到失去流动性时的最高温度。

45.原油密度：在标准条件（20℃和0.101MPa）下，每立方米原油的质量。

46.原油黏度：原油中任一点上单位面积的剪应力与速度梯度的比值。

47.采油指数：单位生产压差下的日产油量。

48.采油速度：年产油（气）量占油（气）藏地质储量的百分比。

49.采出程度：累计采油（气）量占地质储量的百分数。

50.采收率：采出油（气）的数量占油藏地质储量的百分数。

51.递减率：油气田开发一定时间后，单位时间内产量递减的百分数。

52.含水上升率：每采出1%的地质储量时含水率的上升值。

53.注采比：油田注入剂（水、气）地下体积与采出液量（油、气、水）的地下体积之比。

54.注采平衡：油田注入剂的地下体积与采出液量的地下体积相等。

55.注水强度：单位射开储层厚度的日注水量。

56.吸水指数：日注入量与注水压差的比值，单位为

$m^3/$（d·MPa）。

57. 生产压差：目前地层压力与流动压力的差值。

58. 注水压差：注入井注水时井底流动压力与储层压力之差。

59. 总压差：油藏原始地层压力与目前地层压力之差，称为地层总压降，简称总压差。它表示油藏开发过程中油藏能量的消耗程度。

60. 原始地层压力：油田未投入开发时，在最初探井中所测得的油层中部压力。

61. 静水柱压力：从井口到油层中部深度水柱所产生的压力。

62. 饱和压力：溶解在原油中的天然气刚刚开始分离出来时的压力。

63. 破裂压力：油、气层岩石开始产生裂缝时的井底压力。

64. 注水启动压力：在注水指示曲线上，储层开始吸水时对应的注水井井底流动压力。

65. 井身结构：一口井内下入套管层数、套管直径、下入深度、相应井段的钻头直径、各层套管外水泥浆上返高度（深度）、射孔井段等的总称。

66. 人工井底：固井完成后，留在套管内最下部的一段水泥塞的顶面。

67. 油补距：从采油井口转换四通法兰上平面（或油管头上平面）到转盘面之间的距离。

68. 套补距：套管法兰上平面至钻井方补心平面的距离。

69. 封隔器：在井筒内、密封井内的工作管柱与井筒内壁环形空间的封隔工具。

70. **配水器**：分层注水时用于对各油层进行定量注水的井下专用工具。

71. **试注**：新井投注或油井转注的实验性施工过程。

72. **正注**：从油管向地层注入液体的方式。

73. **反注**：从油管与套管的环形空间向地层注入液体的方式。

74. **激动井**：在进行干扰试井时，人为地改变井的工作制度，以便对相邻井造成干扰的井。

75. **反映井**：在进行干扰试井时，位于激动井周围，用来观测激动井改变工作制度后，在地层内引起压力变化的井。

76. **水淹井**：由于边水、底水或注入水等推进到油（气）井后使含水上升而停产的井。

77. **分层注水**：在多储层开采中，按配注要求，在注水井中实现分层控制注水的方式。

78. **分层测试**：利用井下仪器与井下分隔油层的装置或工具相配合，从而取得分层压力及分层注水量、产量、含水和温度等同一井中不同油层资料的测试方法。

79. **笼统注水**：在同一注入压力下向各储层注水的方法。

80. **分层注水测试率**：实际分层测试井数与分层注水井总井数的百分比。

81. **分层注水合格率**：注水合格层段数与减去停注层时分层总层段数的百分比。

82. **视流量**：分层测试曲线上每个停测点上所显示出的流量。

83. **视流压**：分层测试曲线上每个停测点上所显示出的

压力。

84. **管损**：注水井管线及油管内的沿程压力损失。

85. **嘴损**：注入水通过水嘴时产生的压力损失。

86. **限制层**：为减小层间矛盾，需要限制注水量的高含水层、高压油层。

87. **加强层**：为充分发挥油层的潜力，提高出油能力，需要加强注水量的低渗透油层、低含水油层、注水未见效的层段及低压层。

88. **指示曲线**：根据稳定试井测得的不同工作制度下油井、气井、水井产量或注入量与生产压差关系曲线。

89. **示功图**：利用示功仪在抽油机一个抽吸周期内测取的封闭曲线，它能够了解深井泵的工作状况。

90. **动液面**：油井在正常生产时，油套环空的液面深度。

91. **静液面**：抽油机井关井后，液面高度不断上升，待上升到一定高度稳定后的油套环空液面深度。

92. **沉没度**：泵下入动液面以下的深度，即泵深与动液面的差值。

93. **油压**：流动压力把油气从井底经过油管举升到井口后的剩余压力。

94. **套压**：流动压力把油气从井底经过油套环空举升到井口后的剩余压力。

95. **回压**：通常所说的回压是指干线回压，它是出油干线的压力对井口油管压力的一种反压力。

96. **流压**：油井正常生产时所测得的油层中部压力。

97. **流压梯度**：油井正常生产时，流体压力每100m垂深的变化值。

98. **静压**：油井投入正式生产后，利用短期关井，井底压力不断上升，待压力恢复到稳定时所测得的油层中部压力。

99.**静压梯度**：油井关井后，井底压力恢复到稳定时，每100m垂深的压力变化值。

100.**冲程**：抽油机工作时，光杆任一点上、下往复运动的最大位移。

101.**冲次**：在抽油机井中，抽油泵柱塞在工作筒内每分钟往复运动的次数。

102.**泵效**：抽油泵的实际排量与理论排量的比值。

103.**泵的理论排量**：泵在理想情况下，活塞一个冲程可排出的液量。

104.**气锁**：深井泵工作时，大量气体进入泵内，使液体不能进泵也不能排出液体的现象。

105.**产液量**：油井生产的油、水产量之和。

106.**含水率**：油井采出液体中水所占的质量分数。

107.**悬绳器**：由上、下压板，光杆卡瓦，顶丝等组成，连接钢丝绳与光杆的特制的柔性连接装置。

108.**防冲距**：抽油机光杆在下行过程中为了防止活塞撞击固定阀而上提的距离。

109.**精度**：在同一外界条件下，对同一物理量多次独立测量时，各次测量值的重复性。它与随机误差大小成反比关系。

110.**绝对误差**：测量结果与真值之差。

111.**相对误差**：测量所造成的绝对误差与被测量（约定）真值之比。

112.**允许误差**：绝对误差的最大值。

113.**压裂**：利用水力压裂措施在储层造缝，并用支撑剂支撑裂缝从而提高注水能力的技术。

114. 酸化：在低于破裂压力的条件下，向储层注入酸液以溶解地层中的可溶物质，清除孔隙或裂缝中的堵塞物质，从而使注水井增注的一种工艺措施。

115. 调剖：在注水井中注入化学剂，以降低高吸水层段的吸水量，在提高注水压力后，可提高中、低渗透层吸水量，改善注水井吸水剖面的工艺措施。

116. 一次采油：利用油藏天然能量开采石油的方法。

117. 二次采油：一次采油后，利用人工给油层补充能量以增加采收量的采油方法。例如，向油层注水、注气等。

118. 三次采油：将天然气、氮气、二氧化碳、蒸汽、聚合物或碱/表面活性剂/聚合物复合体系等注入，进一步挖掘油层的潜力，提高油田的最终采收率的采油方法。

（二）问答

1. 试井方法有哪些？

试井方法有稳定试井和不稳定试井。

2. 试井的用途有哪些？

（1）计算地层参数。

（2）计算地层压力。

（3）探测油气边界、油水边界，计算油气井的泄油半径，确定断层位置等。

（4）计算油藏储量。

（5）了解井间连通情况及水动力系统情况。

（6）了解油井和油田的生产能力，确定合理的油井工作制度。

（7）了解油层温度及分布规律。

（8）了解油层油、气、水的特征。

（9）检查与判断油井、气井、水井增产措施效果。

（10）检查和判断井下工具的工作状况。

3. 试井常录取的资料有哪些？

试井常录取的资料有流压、静压、压力恢复（或降落）曲线、动液面、静液面、液面恢复曲线、井下及地面流量、分层产量、分层压力、分层取样、深井取样、高压物性取样、井下温度、井下砂面探测、井下封隔器密封性检查及抽油井示功图等。

4. 试井资料可以解决哪些问题？

（1）利用油井指示曲线，求油井采油指数。

（2）确定油层有关参数，如地层流动系数、有效渗透率等。

（3）确定油井的合理工作制度。

（4）确定地层压力及压力系统。

（5）研究注水井的吸水能力。

（6）计算分析地层的参数（静压、流压、流动系数、有效渗透率、导压系数、井底污染程度、完善程度等）。

（7）判断油水边界情况。

5. 稳定试井的用途有哪些？

在油田投入开发以前的试采阶段，常用稳定试井法确定油层的产能和合理工作制度，了解油井生产压差与产量之间的关系；在注水开发的油田中常用此法获取注水井生产压差与注水量的关系曲线，分析地层吸水状况，选配合理的工作制度；在分层采油井上，各开采层合理工作制度的选择也常用稳定试井法。

6. 稳定试井应怎样进行？

（1）按由小到大的次序改变油井工作制度，一般应改变 4 个制度。

（2）当井底压力稳定时，测取不同工作制度下的产量、压力、气油比、油水比和出砂情况等有关资料。

（3）将录取的资料绘成指示曲线。

（4）根据指示曲线和油流方程求出有关油井的采油指数和其他地层参数，进而确定油井的合理工作制度。

7. 不稳定试井的用途有哪些？

（1）确定油层压力及分布。

（2）确定地层的各项参数，如流动系数、地层系数等。

（3）判断油层各种边界位置，如油水界面、断层位置、地层尖灭等。

（4）判断油水井增产措施效果。

（5）了解油水井井下工具的工作状况。

（6）了解油层温度变化及分布规律。

（7）估算油气藏边界及单井控制储量。

8. 干扰试井的测试方法是什么？

（1）在观测井中下入高精度压力计，测出观测井的井底压力变化趋势。如果条件许可，应提前关闭激动井和观测井，形成一个稳定用压力分布，这将使试井资料解释较为容易。

（2）改变激动井的工作制度。为使观测井能接收到尽可能大的压力变化值（常称为"压力干扰值"），应尽可能增大激动井的产量变化值（常称为"激动量"）。激动井改变工作制度可以只改变一次，也可以改变两次，以重复观测压力干扰的变化情况。

（3）按照地质和生产情况决定测试时间（按试井设计要求）。

9. 干扰试井的测试目的和用途是什么？

（1）目的：通过干扰试井可以确定激动井和观测井之间地层的连通性，由此可解决许多与之相关的问题。

（2）用途：①直接检验井间是否连通：如果连通，可求解导压系数、流动系数（或渗透率）和弹性储能系数等。②检验井间断层是否密封。③可求出不同方向的非均质性（要求在一口激动井的周围不同方向上设置多口观测井）。④对于裂缝性地层（或水力压裂地层），可确定裂缝的走向。对于双重孔隙系统地层，可确定两种孔隙介质的弹性储能比和窜流系数。

10. 油藏的驱动能量有哪些？

（1）边水或底水压头。

（2）气顶压头。

（3）溶解气。

（4）流体和岩石的弹性。

（5）石油的重力。

11. 井筒中垂直气液两相流动的流动形态有哪些？

井筒中垂直气液两相流动的流动形态有泡状流、弹状流、段塞流、环状流、雾流。

12. 井身结构由什么组成？井身结构中各组分的作用是什么？

（1）井身结构主要是由下入井内的各类套管（导管、表层套管、技术套管、油层套管）及各层套管外的水泥环组成。

（2）井身结构中各组成部分的作用：

① 导管：在井身结构中下入的第一层套管称为导管。导管的作用主要是建立开钻的钻井液循环系统。钻井时是否下入导管要依据地表层的坚硬程度与结构状态来确定。下入导管的深度一般取决于地表层的深度，通常导管下入深度为 2～40m。

② 表层套管：在井身结构中下入的第二层套管称为表层套管。表层套管的作用是封隔上部松软地层和水层，加固上部疏松岩层的井壁，还可供井口安装封井器用。下入深度几十米到几百米，管外水泥返至地面。

③ 技术套管：在表层套管和生产套管之间，用来封隔表层套管以下的较复杂的地层，如高压水层、气层、漏失层或坍塌层。

④ 油层套管：用来封隔油、气、水层，建立一条封固严密的永久性通道。下入的深度一般应超过油层底界 30m。

⑤ 水泥返高：固井时，水泥浆沿套管与井壁之间的环形空间上返面到转盘平面之间的距离。其作用是封固地层、加固井壁和保护套管。

井身结构如图 1 所示。

13. 分层测试的意义是什么？

分层测试是了解同一井内各油层层间差异的最好方法；是实现分层研究、分层改造和分层管理的重要前提；是油井调整挖潜的重要环节。

14. 注水井分层指示曲线的作用有哪些？

（1）反映地层吸水能力变化，为分层配水提供依据。

（2）反映地层压力的回升情况。

（3）检验封隔器的密封情况。

（4）反应注水井井底干净程度。

（5）能够发现套管外窜槽现象。

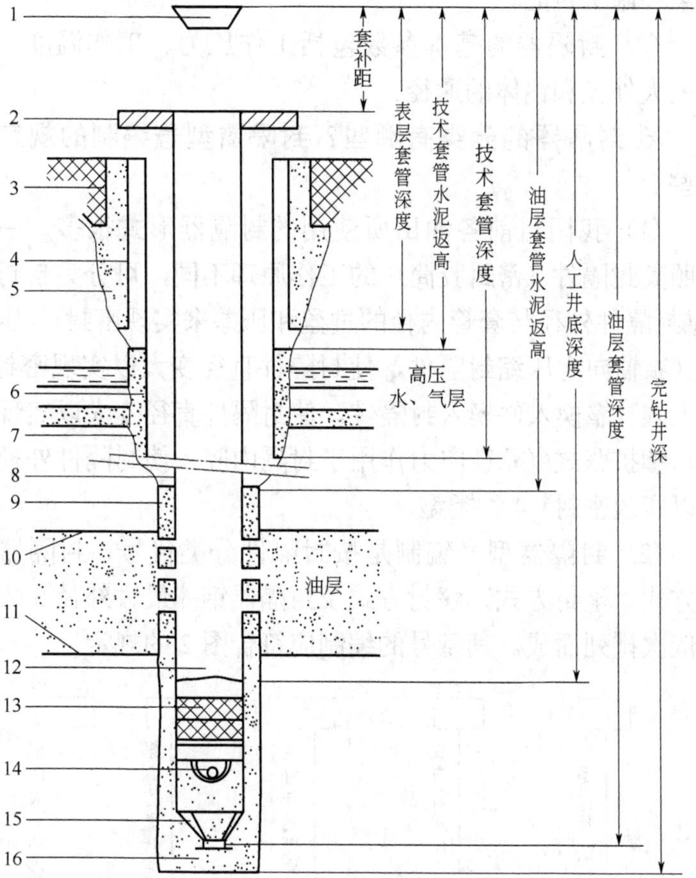

图 1 井身结构示意图

1—方补心；2—套管头；3—导管；4—表层套管；5—表层套管水泥环；6—技术套管；7—技术套管水泥环；8—油层套管；9—油层套管水泥环；10—油层上线；11—油层下线；12—人工井底；13—胶木塞；14—承托环；15—套管鞋；16—完钻井底

15. 封隔器的作用及基本参数有哪些？

（1）封隔器的主要元件是胶皮筒，通过水力或机械的作用，使胶皮筒膨胀密封油套环空，把上下油层分隔开，达到某种施工目的。

（2）封隔器的基本参数包括工作压力、工作温度、钢体最大外径和钢体的通径。

16. 封隔器的分类有哪些？封隔器型号编制的规定有哪些？

（1）我国目前各油田所使用的封隔器形式很多，一般按照其封隔件（密封胶筒）的工作原理不同，可分为自封式（靠封隔件外径与套管内径的过盈和压差来实现密封）、压缩式（靠轴向力压缩封隔件，使封隔件直径变大以实现密封）、楔入式（靠楔入件楔入封隔件，使封隔件直径变大以实现密封）和扩张式（靠径向力作用于封隔内腔，使封隔件外径扩大以实现密封）4 种类型。

（2）封隔器型号编制是按封隔件分类代号、封隔器支撑方式、坐封方式、解封方式及封隔器钢体最大外径 5 个参数依次排列而成。其型号的编制应符合图 2 的规定。

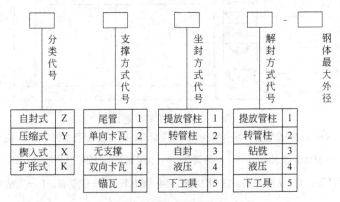

图 2　封隔器型号编制示意图

图 2 中，分类代号是用分类名称的第一个汉字拼音大写

字母表示。支撑方式、坐封方式和解封方式均用阿拉伯数字表示。钢体最大外径则用实际尺寸的阿拉伯数字表示，单位为 mm。封隔器的特殊用途可以加到封隔器型号的后面。例如，Y211-114 型封隔器表示该封隔器封隔件的工作原理为压缩式、单向卡瓦支撑、提放管柱坐封、提放管柱解封、钢体最大外径为 114mm；KY344-114 型高压封隔器表示该封隔器有工作原理为扩张式和压缩式两种封隔件、无支撑、液压坐封、液压解封、钢体最大外径为 114mm 的适用高压情况下（如深井压裂）的封隔器。

17. 什么是堵塞器？偏心配水堵塞器的作用是什么？

（1）用来控制配产或配注器液流通道的工具称为堵塞器。

（2）分层配产时，堵塞器可以装上井下油嘴来控制单层产液量；分层注水时，堵塞器可装上井下水嘴，控制单层注水量；作业时，可用堵塞器装上死嘴投入工作筒，使封隔器便于卸压并进行不压井起管柱施工；测试时，可利用堵塞器装上原层段油（水）嘴测得实际生产的流量和有关参数；也可利用堵塞器依次换装不同油（水）嘴来实现对单层流量的控制。

18. 注水井偏心堵塞器结构组成及工作原理分别是什么？

（1）注水井偏心堵塞器主要由主体、打捞杆、压盖、支撑座、凸轮、密封段、出液孔、水嘴、液网罩（滤网）组成，如图 3 所示。

（2）工作原理：正常注水时，堵塞器靠支撑座 $\phi22mm$ 台阶坐于工作筒导体的偏心孔上，凸轮卡于偏孔上部扩孔处。密封段上、下各有两道 O 形密封圈，将工作筒偏心孔上下封死，注入水经堵塞器滤罩、水嘴、密封段的出液槽，再经偏心孔注入油层。

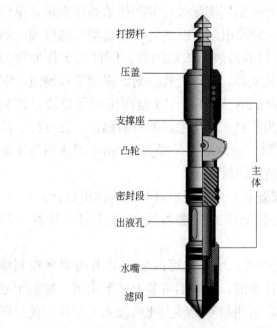

图3　偏心堵塞器结构示意图

19. 普通式偏心分注管柱的结构组成及特点是什么？

（1）普通式偏心分注管柱主要由油管、偏心配水器、封隔器、球座或丝堵组合而成，如图4所示。

（2）普通式偏心分注管柱的特点：此种管柱是利用封隔器将全井各注水层段分隔开，配水器可对多层分注井实行分层配注，用钢丝投捞配水器中的堵塞器更换水嘴来实现各层段注水量的调整要求，实现在不动管柱情况下任意调换井下水嘴和进行分层测试，测试层段注水时不影响其他层段的注水。此种管柱坐封方便，解封容易，便于洗井，可多级使用。

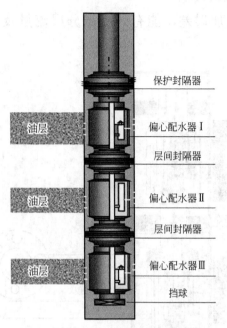

保护封隔器

油层　偏心配水器Ⅰ

层间封隔器

油层　偏心配水器Ⅱ

层间封隔器

油层　偏心配水器Ⅲ

挡球

图4　普通式偏心分注管柱示意图

20. 桥式偏心分层注水管柱的结构组成是什么？测试工艺有哪些优点？

（1）桥式偏心分层注水管柱主要由油管、Y341-114型封隔器（或Y341-114型可洗井封隔器）、桥式偏心配水器及球座等组成，如图5所示。

（2）测试工艺的优点：①桥式偏心配水器的主体设计有主通道、多个旁通孔和一个安装堵塞器的偏孔，可以多级使用。②在本层段进行流量或压力测试时，其他层段依然可以通过桥式通道正常注水，不改变其他层段的工作状态，最大限度地减小各层之间的层间干扰。③这种结构设计配套测试密封段使用，实现单层流量及压力测试，消除了流量叠加误差，能有效提高分层流量及压力测试的准确性。

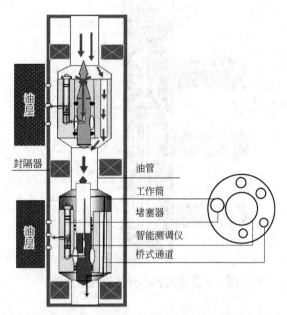

图 5　桥式偏心分层注水管柱示意图

21. 桥式偏心集流测试工艺是什么？

桥式偏心集流测试由两段四道密封圈及过水通道组成测试密封段，下部的定向爪及自锁机构与普通密封段相同。测试时密封段坐封在井下配注器的工作筒主通道内，部分流体在密封段的作用下流过流量计内部，经流量计测量出流量后，直接注入注水层段。另一部分流体通过旁通注入下部地层内。

22. 常用的试井设备有哪些？

常用的试井设备有试井车、综合诊断车、绞车、遥测车、校验设备和标定设备。

23. 常用的试井仪器有哪些？

常用的试井仪器有井下压力计、井下产（流）量计、井下温度计、井下取样器、综合测试仪、液面自动监测仪、回声仪等。

24. 什么是井下流量计？井下流量计按工作原理分为哪几种类型？

（1）用于分层采出井或分层注入井中，测试各生产层段产量或注入量的仪器称为井下流量计。

（2）按工作原理分为浮子式流量计、涡轮式流量计、电磁式流量计、超声波式流量计等。

25. 流量计、压力计、示功仪、压力表多长时间校对一次？

大庆油田有限责任公司规定流量计、压力计每两个月校对一次，示功仪和压力表一个月校对一次。

26. 三采分注井分层流量测试的仪器如何选择？

由于三采分注井的注入介质聚合物的特殊性，三采注入井测试要选用受非牛顿流体介质影响小的电磁流量计进行井下流量测试。

27. 什么是投捞器？它分为哪些类型？

（1）在偏心分层测配井中专门用于打捞、投送堵塞器的工具称为投捞器。

（2）投捞器分为坐开式投捞器和提挂式投捞器。坐开式投捞器必须撞击偏心管柱底部撞击头，才能释放投捞爪。而提挂式投捞器则不需要撞击撞击头，它上提通过工作筒变径处即释放投捞爪。目前常用的是提挂式投捞器。

28. 提挂式投捞器的结构和原理分别是什么？

（1）提挂式投捞器由绳帽、投捞器主体、上锁轮、投捞爪、四方接头、打捞头或压送头、下锁轮、导向爪、各种弹簧、螺钉等组成。

（2）提挂式投捞器工作原理：投捞时，投捞爪的四方接头上连接打捞头或压送头，在上锁轮的作用下，收拢在投捞器主体内，导向爪在下锁轮的作用下也收拢起来，下入井内，当通过要打捞或投送的层位配水器时，上提投捞器过偏心工作筒，上、下锁轮碰撞工作筒或油管接箍释放投捞爪和定位爪，下放投捞器，导向爪与工作筒导向体配合导向，保证投捞爪对准偏孔，来完成打捞或投送偏心堵塞器。

29. 什么是振荡器？振荡器有哪些类型？其作用是什么？

（1）振荡器是测试过程中用于打捞井下仪器或落物的辅助工具，可在打捞井下仪器或落物时增加打捞工具的冲击力量。

（2）分类：按工作原理可分为直击机械式振荡器、机械弹簧式振荡器、水力振荡器、关节式振荡器。

（3）作用：测试调配过程中仪器、工具遇卡，用以振荡解卡。

30. 测试时为什么要用振荡器？怎样增加振荡器的冲击能量？

因为振荡器可用来进行解卡处理，而且方便省力，因此，测试时一般要用振荡器，在仪器遇卡时能及时解卡。只要在振荡器上部接加重杆，即能增加振荡器冲击能量。

31. 测试接头有哪些类型？各种类型的用途是什么？

（1）类型：关节式接头、快速接头、滚轮杆接头、加速度接头。

（2）用途：①关节式接头用于较长的机械式仪器串下

入有挠度的井中，防止遇阻。②快速接头用于较长的机械式仪器串各段的连接，由于操作简便，可在井口把仪器串分段放入或取出防喷管。③滚轮杆接头用于长仪器串下入斜井，防止与井壁摩擦而损坏仪器。④加速度接头减缓起下仪器时的冲击力，用以保护仪器。

32. 测试加重杆有几种类型？其用途和特点是什么？

（1）类型：钢制普通加重杆、水银加重杆、可通信号加重杆、附加在电缆上的加重杆。

（2）用途和特点：

① 钢制普通加重杆：一般仪器下井时加重。接于仪器上部或下部，用一般钢材制成，结构简单加工容易，但重量较轻。目前使用的钨钢加重杆，重量比钢质加重杆增加较多。

② 水银加重杆：可用于钢丝或电缆起下仪器。单位长度具有较大的重量，但加工复杂，使用时须防止水银泄漏。

③ 可通过信号加重杆：用于电缆测试仪器的加重。接在仪器上方，避免由于重力和应力而影响仪器性能。

④ 附在电缆上的加重杆：用于电缆测试仪器的加重。加工简单，可避免前述几种加重杆缺点，但应避免损坏绳帽上方的电缆。

33. 试井绞车液压系统的结构及原理分别是什么？

（1）试井绞车液压系统主要由发动机、液压泵、控制调节阀、液压马达、液压油箱、散热装置和管路组成。

（2）原理：发动机启动后，带动液压泵，将液压油箱内的液压油输出，通过控制调节阀及管线传输给液压马达，使其转动并带动电缆绞车滚筒转动。通过调整控制调节阀的挡位改变液压油的输入方向，从而改变液压马达的转动方向。通过控制调节阀的松紧改变液压油油量的大小来控制转动速度。

34. 测试绞车液压油多长时间更换一次？

测试绞车液压油正常情况两年更换一次，如液压油变质要随时更换，对液压油油位达不到规定标尺范围内的要及时添加液压油。

35. 试井钢丝多长时间更换一次？

正常测试情况下半年更换一次，但还要根据情况而定。如经常打捞或遇卡钢丝受力较多的情况下，若钢丝变细，钢丝的韧度变低、变脆时要随时更换；对于打扭，有死弯、砂眼及锈蚀严重的钢丝要及时更换。

36. 测试电缆的机械性能有哪些指标？电气性能有哪些指标？

（1）测试电缆的机械性能指电缆的抗拉强度、耐腐蚀性、韧度和弹性等。

（2）测试电缆的电气性能指电阻、电容和电感。

37. 电缆计深装置由哪些部件组成？

电缆计深装置由支架、清零旋钮、计数器、传动软轴、后计量轮、减速传动轮、涡轮减速器、前计量轮、前导块、前压紧轮、压紧释手柄、后压紧轮及后导块等组成。

38. 测试中仪器损坏的原因有哪些？

（1）仪器未放入仪器专用箱或未固定在仪器支架上，行车中仪器固定不牢晃动磕碰导致损坏。

（2）仪器进入防喷管时过快，撞击阀门闸板时发生变形或损坏。

（3）仪器快到井口时未按操作规范减速，仪器撞击到防喷盒。

（4）拆卸仪器时未使用专用扳手，而是用管钳，导致仪器损坏。

（5）仪器螺纹未经常润滑，致使螺纹磨损或错扣。

（6）未按照规范下放仪器，突然遇阻，或不清楚，管柱结构导致撞击油管鞋或挡球位置。

（7）进行分层测试，坐封时操作过快。

（8）未使用探砂专用工具，而是用仪器探砂面。

39. 测试中预防仪器损坏的措施有哪些？

（1）上井施工前，应将仪器放入仪器专用箱或固定在仪器支架上。

（2）仪器放进防喷管时，要缓慢放入，避免仪器撞击闸板。

（3）仪器起至距井口 20m 时停止绞车，用手摇绞车使仪器缓慢进入防喷管。

（4）使用专用扳手拆卸仪器，禁止使用管钳。

（5）测试前后应擦洗螺纹并涂上专用润滑油。

（6）测试前应了解井下管柱情况，禁止撞击油管鞋或挡球位置。

（7）分层测试施工时，接近坐封位置不应操作过快。

（8）严禁使用仪器探测砂面。

40. 注水井分层测试的目的是什么？

注水井分层测试主要用来了解油层吸水能力及其变化，了解井下工具的工作状况，以便更换井下工具，调整水井工作制度，确定增注措施。

41. 分层注水井的流量测试方法有哪些？其原理是什么？

（1）分层注水井的流量测试方法分为非集流式测试法

和集流式测试法。

（2）非集流式测试法原理：测试时流量计无须坐封于井下配注器的工作筒内，而是悬挂在油管中心，流体从流量计的外部或内部流过。通过计算，测量出流体的流速而得到流体的流量。

（3）集流式测试法原理：测试时井下流量计必须与测试密封段配合使用，坐封于井下配注器的工作筒内，通过密封段的聚流作用迫使油管中的流体全部由流量计内部通过，经流量计测量后得到流量。

42. 调配水嘴的作用是什么？

调配水嘴可按分层配注方案的要求合理控制层段的注水量，以实现分层定量注水。

43. 调配水嘴的依据是什么？

利用水嘴的节流作用，降低层段注水压力，从而达到控制高渗透层注水量的目的。因此可以通过配水嘴后需要降低的注水压力（即嘴损压力）来求得配水嘴的尺寸。

44. 普通钢丝测调和电缆测调联动调配水嘴的方式分别是什么？

（1）普通钢丝测调是通过钢丝起下控制投捞器对井下配水器内堵塞器的捞出和投入，进而实现堵塞器内陶瓷水嘴的更换，使各层配注量满足配注方案要求。

（2）电缆测调联动是由地面控制仪通过电缆操控测调仪，调节各层配水器内的可调堵塞器，使各层配注量满足配注方案要求。

45. 影响注水井吸水能力的因素有哪些？吸水能力差的井应采取哪些措施？

（1）影响注水井吸水能力的因素主要有：进行作业时

压井液对地层的伤害和作业措施不当等原因造成地层渗透率下降；注入水水质不合格；黏土矿物遇水后发生膨胀。

（2）对于吸水能力差的井应采用酸化、压裂增注及水力振荡和水力射流、超声波解堵、电脉冲波解堵等井底处理措施。

46. 偏心注水井测流量前应做哪些准备？

（1）了解井下管柱结构，提前洗井清除井筒内脏物。

（2）核对施工设计，了解方案要求、正常注水压力、水量、测试层段性质及深度。

（3）选择标校合格的压力表、水表、合适测量范围的井下流量计和测试密封段。

（4）准备齐全工用具，并保证灵活好用。

47. 测试分层注水量时应注意什么？

（1）了解注水井管柱结构，各层段配注要求及正常注水压力和水量。

（2）测试前应先洗井，清除井内脏物，待注水压力稳定后再测试。

（3）测试时泵压必须保持稳定，各压力点的水量要稳定，且需稳定注水 15～20min。测试过程中油管压力必须高于套管压力 0.7MPa 以上，以保证封隔器密封（用水力压差式封隔器）。

（4）测指示曲线时，应做到等压降，降压间隔 0.2～1MPa，每点稳定 15min，配注量在测点之中。

（5）测试过程中，仪器及工具操作平稳。

（6）测试过程中边测边做指示曲线，发现异常应复测。

（7）分层注水井每一层必须测指示曲线，所测压力水量必须在合格范围内，分层水量之和与全井水量相等。

48. 分层测试测各层段吸水量时仪器为什么要避开封隔器位置而吊测在油管中？

目前使用的非集流流量计，是通过测定注入剂在油管中的中心流速来测量流量的，若停在封隔器中就会造成仪器与油管之间的环空通道变小，流速变快，使所测取的流量偏高，所以一定要将仪器停在油管中。

49. 注水井分层调配资料验收要求有哪些？

（1）调配前，应在地质方案要求的注水压力下测检配资料，分别录取分层段水量及全井水量。

（2）井下流量计录取的全井水量与地面水表记录的水量误差不超过 ±8%，井下流量计测得的井口压力与压力表值的压力误差在 ±0.2MPa 以内。超过误差范围应落实原因，整改后方可进行测试。

（3）根据正常注水压力下的检配测试各层段吸水量与配注量对比，全井吸水量与对应配注水量误差在 ±20% 以内为合格井，层段吸水量与配注水量误差在 ±30% 以内为合格层。

（4）曲线台阶清晰、无异常。每个层位采样时间不少于 3min，并上报原始数据。

（5）原始报表准确无漏项，包括井号、测试日期、流量计型号、仪器编号、量程、泵压、油压、水表水量、测试层位、视流压、视流量、分层流量、测试单位、记录人、审核人及特殊情况说明等。

（6）对吸水能力差的井，在注水压力达到允许压力，且水嘴已调配合理，全井水量达不到配注要求，测点又不少于 2 个时，测调合格层不限多少，资料均可验收。

（7）对于在正常注水压力下，各层段水嘴调整合理的井，应采用降压法或升压法测 3 个压力点下各层段及全井吸水量，降压或升压间隔为 0.2 ～ 1.0MPa。对于低渗透油藏采用降压法或升压法测试困难的井，可采用降流量法测不同流量下各层段及全井吸水量，流量间隔及稳定时间视全井水量确定。

50. 怎样解释、计算分层注入量？

（1）收集、整理、审核测试数据。

（2）按递减法，计算不同压力下各层吸水量及全井吸水量，并对流量资料进行综合分析评价，异常井要有总体说明。

（3）分层吸水量的计算：分层吸水量等于全井口注水量乘以层段吸水量的体积分数。

（4）各层段的视吸水量：

$$Q'_4 = Q_{偏4} \qquad Q'_3 = Q_{偏3} - Q_{偏4}$$

$$Q'_2 = Q_{偏2} - Q_{偏3} \qquad Q'_1 = Q_{偏1} - Q_{偏2}$$

（5）求水量校正系数：

$$b = \frac{Q}{Q'_4 + Q'_3 + Q'_2 + Q'_1}$$

（6）求各层实际吸水量：

$$Q_1 = bQ'_1 \qquad Q_2 = bQ'_2$$

$$Q_3 = bQ'_3 \qquad Q_4 = bQ'_4$$

式中　Q——全井注水量，m^3/d；

$Q_{偏1}$，$Q_{偏2}$，$Q_{偏3}$，$Q_{偏4}$——各层以下层段测试水量，m^3/d；

b——水量校正系数；

Q'_1，Q'_2，Q'_3，Q'_4——各层视吸水量，m^3/d；

Q_1，Q_2，Q_3，Q_4——各层实际吸水量，m^3/d。

（7）桥式偏心管柱，采用集流方式测试可直接读取各层段流量值，并用累计相加法计算全井流量值。

51. 什么是井下压力计？为什么要校验压力计？

（1）在试井工作中常用来测试记录井下压力的仪器称为井下压力计。

（2）校验压力计是为了及时检查在用仪器的精度、灵敏度和记录比例等情况。

52. 存储式电子压力计为什么要设置采样时间表？编制采样时间的原则是什么？

（1）原因：由于电子压力计的存储能力是一定的，电池容量也有限，若采样点数过多、过于密集，电量损失也会越大或压力计存储空间会不够，从而造成测压失败，因此要设置采样时间表。

（2）编制原则：首先依据测试设计，根据压力计的采样速率合理设定加密区；其次在关井恢复后期，应尽量减少采点数。一般按照电池的工作时间来决定工作程序的编制。

53. 电子压力计测试优质资料的质量要求有哪些？

（1）测试方式符合试井施工设计书要求，电泵井应坐阀测试。

（2）测试深度符合施工设计的要求，若不符合应有合理的原因说明。

（3）实际关井时间不少于施工设计关井时间。

（4）电子压力计资料实测点采样点数符合试井施工设

计标准。

（5）原始报表填写要求项目齐全、准确，字迹工整无涂改，井号用汉字书写。

（6）电子压力计测压资料应有直角坐标（时间—压力—温度）和流压局部放大回放曲线，测压资料能反映测试施工全过程，曲线和原始数据文件均应包含测试井号、测试日期、测试仪器编号、测试人等信息。

（7）起落点压力归基线。

（8）流压台阶清晰、平稳，无异常，有效时间不少于20min。

（9）压力恢复（降落）平稳、光滑、无断点。

（10）流压台阶停留时间与报表填写时间误差不超过5min，报表填写关井时间与实际关井时间误差不超过30min。

（11）如现场测试过程中出现异常情况，应提供详细的文字记录。

54. 注水井验封测试方法有哪些？

目前油田上注水井验封常用的方法有4种：

（1）单压力计验封方法。此种方法验封时将绳帽、加重杆、验封密封段、压力计顺序连接，下入井内，坐入验封层段，通过井口"开—关—开"或"关—开—关"操作，测得反映层压力曲线，进行封隔器密封性能的判断。

（2）双压力计验封方法。此种方法是在验封密封段上部和下部各安装一支压力计，通过井口的"开—关—开"或"关—开—关"操作，对比测得反映层及激动层的压力曲线进行验封判断。

（3）单只双传感器电子压力计验封方法。此种方法测试密封段上的两个传压孔分别对应两个层段，通过井口的

"开—关—开"或"关—开—关"操作，测得反映层及激动层的压力曲线，进行验封判断。

（4）堵塞器式双传感器分层压力计验封方法。此种方法必须在验封前先将验封井内的偏心堵塞器捞出，投入堵塞式分层压力计，然后通过井口的"开—关—开"或"关—开—关"操作，对比测得的工作筒内压力曲线与各小层内的压力曲线进行验封判断，在验封的同时可测得每个层段的分层压力。

55. 验封测试密封段由哪些部件组成？测试前需要检查什么？

（1）验封测试密封段主要由定位装置、导压护筒、导压连杆、压环、胶筒、短节、泄压护筒、泄压杆、压力计护筒及接头组成。

（2）测试前需要检查以下内容：

① 检查确认密封段定位装置外观完好，无变形，螺纹及密封圈完好，各部螺栓紧固；凸轮翻转灵活，释放定位爪动作灵活。

② 检查确认导压连杆外观完好，传压孔畅通，螺纹及密封圈完好，限位槽无损伤、锈蚀。

③ 检查确认导压连杆护筒外观完好，进压孔眼畅通，螺纹及密封圈完好；限位键子无损伤。

④ 检查确认上胶筒短节、中部连接短节、下胶筒短节外观及螺纹完好；检查确认胶筒卡槽无损伤、锈蚀，并用钢刷清洁。

⑤ 清洁检查阀座密封面无损伤；检查确认4个胶筒压环无变形，螺纹完好。

⑥ 检查确认泄压杆无弯曲变形，传压孔畅通，螺纹及密封圈完好；清洁检查泄压杆密封锥面无损伤。

⑦ 检查确认泄压护筒外观完好，泄压孔畅通，螺纹完好。

⑧ 检查确认压力计连接头外观完好，内外螺纹及密封圈完好，中心孔眼无堵塞。

⑨ 检查确认压力计护筒外观完好，内外螺纹及密封圈完好，进压孔畅通。

⑩ 检查确认胶筒外观完好，弹性适中、无破损；测量密封胶筒收拢外径不大于 45mm，下压密封段测量胶筒胀开尺寸应大于 46.5mm，符合要求。

56. 怎样验收及解释验封资料？

（1）资料验收：

① 验封方法采用"关—开—关"或"开—关—开"。双压力计验封时，上压力计记录的压力曲线要有明显的控井压差，验封开 / 关时间不少于 3min。

② 验封资料上应有井号、日期、压力计号，并在相应位置标注验封层位。

③ 报表填写规范、整洁，应准确填写开控井压力值，所用压力表应在有效检定期内。

④ 密封层有一张合格卡片即可，不密封层应有复测资料。

⑤ 有停注层的井，应拔出死嘴，投入堵塞器，再验封。

（2）资料解释：

① 若验封层下压力计记录的压力曲线基本不随井口注水压力变化，该层段解释为密封；若验封层的压力曲线随井口压力有明显变化，该层解释为不密封。

② 对于有复测资料的层段，若有一次验封结果为密封，那么该层解释为密封。

57. 注水井层段划分的原则是什么？

（1）以砂岩层为基础，以主要油砂体为单元，尽量做到油井、水井层段相互对应，全区统一。

（2）在查清油层开采状况的基础上，把主要见水层、吸水能力很高的薄层单独封卡出来，进行控制注水，减少层间矛盾，充分发挥其他层的作用。

（3）在同一层段内，各小层的渗透率、含水率应力求接近，减少互相干扰。

58. 判断分层封隔器失效的标准有哪些？

（1）根据验封资料判断是否失效（测两次以上）。

（2）根据同位素测井判断停注层是否吸水，若吸水则不密封。

（3）对起出封隔器进行打压，看连接部位及密封件是否漏失。

59. 分层测试时怎样判断油管漏失？

（1）分层测试时，在油压稳定，注入量稳定，井口50m的水量和地面水表的水量一致的条件下，所测第一级配水层位水量小于井口的水量，初步判断为油管漏失。

（2）用非集流流量计从第一级配水层位以上吊测，以每100m为一个测试点一直吊测到井口，就可以找到油管漏失的大概位置。

（3）用验封密封段封堵偏心通道（桥式偏心除外），井口放大注水压力，水表转动说明油管有漏失。

60. 注水井测配过程中，如发生故障应如何处理？

（1）测配过程中如发生故障应停止施工，组织相关人员进行故障原因分析。

（2）根据分析原因制订相应的解决方法及打捞措施，

并编写打捞施工方案，报甲方同意后方可实施。

（3）根据施工方案准备好所需设备、工具、用具，对施工中的突发问题应有预见性，准备应充分。

（4）现场施工中，应有甲方监督人员在场，施工中应按施工方案进行，并严格遵守各项安全技术操作规程。

（5）对处理故障中遇到的突发情况，应冷静分析，妥善处理，并应征得甲方监督人员的同意，避免发生二次事故。

61. 深层气井测试对使用设备的要求有哪些？

（1）现场施工设备应采用柴油动力装置并安装防火帽。

（2）绞车传动部件、离合器装置、信号装置应灵活好用。

（3）根据井内组分选择防硫、防酸等耐腐蚀钢丝，且钢丝无死弯、砂眼、伤痕，长度比仪器下入深度长 100m 以上。

（4）现场应用专用防爆工具。

（5）现场配备检定合格的烃类报警器。

（6）高压测试防喷管装置及压力表应检定有效并且其额定工作压力不低于预测压力。

62. 脱卡器的分类及结构组成有哪些？

（1）锤击式脱卡器，由井口锤击装置、井下脱卡器和井下防掉器 3 部分组成。

（2）提挂式井下脱卡器（Ⅱ型），主要由开关杆、定压弹簧、弹簧筒、定压弹簧调节帽、开关杆接头、弹簧筒接头、绳帽等组成。

63. 地滑轮的作用是什么？

在井口油压大于 15MPa，仪器在井下遇卡或打捞时，需安装地滑轮导向，来改变井口的受力方向，避免因井口承受负荷过大，造成拉倒防喷管的事故发生。使用地滑轮时，绞车与井口距离应不少于25m。

64. 什么是绳类落物？绳类落物主要用什么打捞工具？其分类及特点是什么？

（1）凡是掉入井内的钢丝、钢丝绳、电缆等均属于绳类落物。

（2）绳类落物主要采用钩类打捞工具进行打捞。常用的钩类打捞工具包括内钩、外钩、内外组合钩、单齿钩、多齿钩、活齿钩等类型（图6）。

（3）特点：加工制造简单，使用操作简单，打捞成功率高。

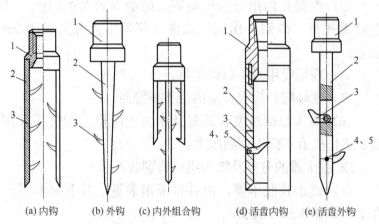

(a) 内钩　　(b) 外钩　　(c) 内外组合钩　　(d) 活齿内钩　　(e) 活齿外钩

图6　钩类打捞工具示意图

1—上接头；2—钩体；3—钩子；4—轴销；5—扭簧

65. 什么是杆类落物？杆类落物主要用什么打捞工具？其分类及特点是什么？

（1）杆类落物：凡是掉入井内的仪器、加重杆、投捞器等均属于杆类落物。

（2）杆类落物主要采用卡瓦类打捞工具和强磁类打捞工具进行打捞。

（3）常用卡瓦类打捞工具包括普通卡瓦式打捞器、特殊卡瓦式打捞器、广角旋转卡瓦式打捞器、内胀扣打捞器、偏口卡瓦式打捞器、内螺纹卡瓦式打捞器、外螺纹卡瓦式打捞器7种类型（图7至图13）；强磁打捞器是利用磁钢吸附作用打捞尺寸相对较小的井下落物的一种打捞器（图14）。二者都是使用较广泛的杆类落物打捞工具。

（4）特点：加工制造简单，使用操作简单，适应性强，打捞成功率高。

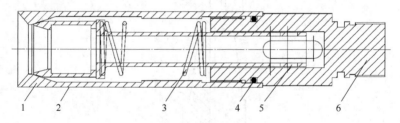

图 7　普通卡瓦式打捞器

1—卡瓦筒；2—卡瓦；3—弹簧；4—O形密封圈；5—推杆；6—压紧连接头

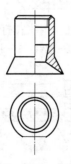

图 8　特殊卡瓦式打捞器

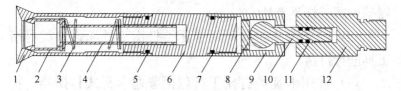

图9　广角旋转卡瓦式打捞器

1—卡瓦筒；2—卡瓦；3—弹簧；4—推杆；5—O形密封圈；6—压紧连接头；
7—O形密封圈；8—垫片；9—节套；10—万向活动节；11—O形密封圈；
12—绳帽接头

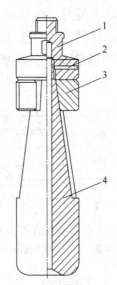

图10　内胀扣打捞器

1—上接头；2—螺钉；3—卡瓦；4—主体

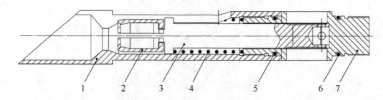

图11　偏口卡瓦式打捞器

1—打捞筒；2—卡瓦；3—推杆（卡瓦座）；4—弹簧；5，6—O形密封圈；7—接头

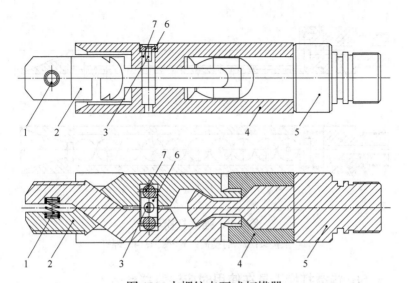

图 12 内螺纹卡瓦式打捞器

1—弹簧；2—卡瓦；3—螺钉；4—筒体；5—提放接头；6—压盖；7—销钉

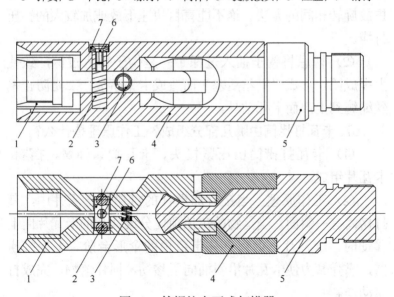

图 13 外螺纹卡瓦式打捞器

1—卡瓦；2—销钉；3—弹簧；4—筒体；5—提放接头；6—螺钉；7—压盖

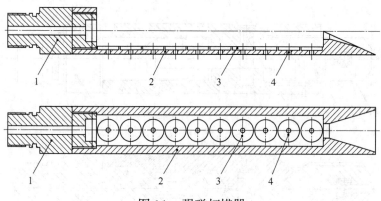

图 14　强磁打捞器
1—上接头；2—打捞筒；3—磁钢；4—螺钉

66. 钩类打捞工具在使用时应注意些什么？

（1）打捞时，应采用多次慢下，逐级加深，微压多提，提放旋转相间的方法。绝不能盲目快速下放或加较大的钻压打捞。

（2）切忌将钩子插入过深。一是钩子插入过深，致使上提成团，形成"钢丝活塞"而造成卡钻事故；二是防止钢丝绳缠到上部而卡死钻具。

67. 卡瓦打捞筒由哪几部分组成？工作原理是什么？

（1）卡瓦打捞筒由压紧接头、卡瓦筒、弹簧、挡圈、卡瓦片组成。

（2）工作原理：当接有加重杆的打捞筒下入井中，其打捞筒有一斜面。当落物的鱼顶顶住分成两片的卡瓦片向上移动时，卡瓦片上的齿夹住带鱼顶的伞形台阶。上提打捞器，靠弹簧力使卡瓦片沿斜面向下移动，抓住落物，完成打捞动作。

68. 偏心注水井井下堵塞器打捞不成功的原因有哪些？

（1）堵塞器打捞杆制作材质过软或尺寸过细，出现顶部伞状台阶断裂或打捞杆弯曲。

（2）投捞器投捞爪、四方接头、压送头固定销钉未上紧或螺纹损坏，出现零部件掉落。

（3）堵塞器锈死在配水器偏孔内，堵塞器内部凸轮、打捞杆、扭簧等生锈无法正常工作，出现堵塞器拔不动情况。

（4）打捞头螺纹未上紧或螺纹变形损坏，投捞时在螺纹处发生断脱。

（5）堵塞器长时间在井下，打捞杆部位有死油或杂物，出现打捞头抓不到打捞杆。

（6）堵塞器长时间在井下，堵塞器压盖螺纹腐蚀，打捞时在压盖螺纹处出现断脱。

69. 打捞落物前对落物井及落物应有何了解？

（1）对落物井的了解：

① 井下管柱结构清楚，井口各阀门开关灵活。

② 了解落物井目前生产情况，如产量、含气量、气油比、出砂情况、油压与套压大小等。

（2）对落物的了解：

① 若为脱扣落物，首先确定脱扣部位，落物的结构、长度及外形特征、鱼尾扣形。

② 若为钢丝落物，了解断钢丝原因：如上提仪器时钢丝拔断，地面剩余钢丝长度；钢丝在井筒内打扭拉断，钢丝在井下拉断深度；绳结拉脱；在井口碰断或井口关断。

70. 打捞油井、水井落物时应注意些什么？

（1）下井工具必须绘制草图，注明尺寸。

（2）在打捞过程中，如果一次或多次未捞上，不要一味猛顿，防止损坏鱼顶形状，给下次打捞造成困难。

（3）在打捞落物过程中，无论打捞何种落物，下放和上提速度都应缓慢、平稳，不能猛刹、猛放。

（4）在打捞过程中，严防再次发生井下落物，使事故扩大。

（5）注意做好防喷、防火、防冻等安全工作。

（6）采用加长防喷管或采用扒杆必须用绷绳加固。

（7）下入的打捞工具遇卡拔不动时，应能脱卡，以便进行下步措施。

（8）用手摇绞车时必须打桩加固结实。

（9）人员分工明确并由一人统一指挥。

71. 环空井测试为预防钢丝缠绕油管应采取哪些措施？

（1）新钢丝在环空井使用前先在注水井中起下一次，减小钢丝的扭劲。

（2）仪器经过导锥时速度要慢，在环空中起下时速度要均匀，不要超过 100m/min。

（3）井斜大的井，钢丝绞车摆放的方位应与井斜一致。

（4）在油管尾部安装防缠器。

72. 处理环空井仪器缠井的方法有哪些？

处理环空井仪器缠井的方法有转井口法、抬井口法、掏钢丝（电缆）法、反复起下法。

73. 影响液面恢复测试资料准确性的因素有哪些？

（1）回声仪测试性能不稳定。

（2）灵敏度调整不当，记录曲线波形不清楚。

（3）操作不当，测试时液面波尚未反射到地面就关闭电源。

（4）井口连接器漏气或排气阀没关。

（5）测试井振动或噪声过大。

（6）测试管线内有堵塞或没开套管阀门。

（7）微音器室气体通路有堵塞现象。

74. 测液面的目的是什么？

（1）了解油井的供液能力，结合示功图，分析井下泵的工作状况，确定泵的合理沉没度以及判断注水效果。

（2）井下液面探测是管好抽油机井的一种重要手段，可以根据液面深度计算沉没度、流动压力、地层压力。

75. 测液面时应注意什么？

（1）测试井的套压不能大于回声仪连接器的额定压力。

（2）击发时，动作要平稳，记录正在进行时，应避免震动井口连接器。

（3）搬运仪器测试时要轻拿轻放，防止损坏螺纹。

（4）测试时排气阀与微音器间通道应清洁、干燥、畅通无阻。

（5）测试井不许漏油气，测试管线弯头不能太多。

76. 动液面曲线验收要求有哪些？

（1）每条曲线上应标注井号、测试日期、作业区及测试班别、测试人。

（2）每条动液面曲线应有高低两个频道记录的波形，井口波、接箍波、液面波波形清楚，连贯易分辨。

（3）井口波到液面波的深度应等于液面波到反射波的深度。如果测不到反射波，应有两张不同灵敏条件下测得的相同深度的曲线验证。

（4）对于井口波、接箍波、音标波、液面波和液面波反射波的幅值大小，在选择时应能明显区别于其他杂波，在高低两个频道上出现的位置必须对应。

（5）井口波之前的曲线应平稳，井口波宽度适中，不能有脱档现象。

（6）液面曲线长度应大于两倍的下泵深度。

（7）测不出液面波的井，应有连续三次变档位测试曲线。

77. 测示功图的目的是什么？

通过测得的示功图，可了解抽油机载荷变化及深井泵的工作情况，为选择适当的抽油参数、判断油层供液能力提供依据。

78. 示功图测试有哪些方法？

（1）悬点测试法：测试仪器安置在抽油机驴头悬点位置测示功图的方法。

（2）井下测试法：将仪器安置在井下泵位置测取示功图的方法。

（3）远传测试法：利用将光杆行程转换为电信号的角位移变送器和能将光杆负荷转为电信号的应力变送器及专门的传输通道（电缆）将油井所测示功图远传绘制的方法。常用在油井自动化集中管理中。

79. 示功图验收有哪些要求？

（1）图形适中，线条清楚，连贯封闭。

（2）每张示功图应绘有上、下理论负荷线。

（3）每张示功图应有井号、日期、实测冲程、冲次等参数。

80. 测试示功图时应注意些什么？

（1）了解所测井负荷大小，保证仪器承受负荷不超过最大负荷的 80%。

（2）严格按照操作规程进行，安装仪器时要注意站在悬绳器侧面，注意人身安全。

（3）抽油机的停抽位置不当，需调整位置时，操作者要严格做好配合工作。

（4）对有砂、蜡、稠油影响的井要尽量缩短停机时间，避免引起卡泵或稠油阻滞抽油杆。

81. 实测示功图影响因素有哪些？

（1）砂、蜡、水、气的影响。

（2）惯性载荷、振动载荷、冲击载荷与摩擦阻力的影响。

（3）漏失、断脱、设备故障、仪器故障等因素的影响。

82. 什么是光杆？光杆的作用是什么？

（1）光杆是连接在抽油杆柱顶端的一根特制实心钢杆。

（2）光杆的作用：

① 通过光杆卡子把整个抽油杆柱悬挂在悬绳器上。

② 与井口密封填料配合密封井口。

83. 抽油杆在传递动力过程中承受哪些载荷？

（1）抽油杆本身重量。

（2）油管内柱塞以上液柱重量。

（3）柱塞与泵筒、抽油杆与油管、抽油杆与液柱、油管与液柱之间的摩擦力。

（4）抽油杆与液柱的惯性力。

（5）由于抽油杆的弹性而引起的振动力。

（6）由于液体和活塞运动不一致或未充满等因素引起的冲击载荷。

84. 有杆抽油泵分为哪几类？主要由哪些部分组成？

（1）有杆抽油泵分为管式泵和杆式泵两大类。

（2）管式抽油泵主要由工作筒、衬套、活塞、游动阀和固定阀组成；杆式抽油泵主要由泵筒、活塞、游动阀、固定阀、泵定位密封部分和外筒等组成。

85. 偏心静压测试仪器下不到设计深度时如何处置？

仪器下不到设计深度，若第一下入深度在动液面以下超过 100m 时，仪器在第一下入深度停测第一流压台阶，然后上提仪器 100m，停测第二个流压台阶。若第一下入深度在动液面以下不超过 100m，仪器在第一下入深度停测第一流压台阶，然后根据实际情况上提仪器，至动液面以下，停测第二个流压台阶。停流压台阶时间不少于 20min。

86. 油井静压典型异常压力恢复曲线有哪几种？

（1）测试过程中途被开井的测试曲线。

（2）测试时机选择不对，油井测试前热洗，没稳定就测试测出的曲线。

（3）油井测压仪器没进液体里的测试曲线。

（4）下入的压力计超量程使用测出的曲线。

87. 井下取样器的类型和适用范围有哪些？

根据井的深浅、流体黏度大小、井眼的斜度以及油井生产过程中是否发生严重结蜡现象等，选择井下取样器的类型。

（1）锤击式取样器：一般适用于 1500m 以内的油井，不适用于斜井和井产液体黏度大的油井，使用时特别要注意选择合适的重锤。

（2）挂壁式取样器：除了结蜡严重和有顶钻现象的油井外，都可使用。

（3）定时取样器：除了不好调整控制时间的较稠油井和因结蜡严重而经常发生顶钻的油井外，对一般井均适用。

88.影响泵效的因素具体有哪些？

（1）地质因素：包括油井出砂，气体过多，油井结蜡，原油黏度大，油层中含腐蚀性的水、硫化氢气体腐蚀泵的部件等。

（2）设备因素：泵的制造质量、安装质量、衬套与活塞间隙配合选择不当或阀球与阀座密封不严漏失等都会使泵效降低。

（3）工作方式：泵的工作参数选择不当会降低泵效。如参数过大，理论排量远远大于油层供液能力，造成供不应求，泵效自然很低；冲次过快会造成油来不及进入泵工作筒，而使泵效降低；泵挂过深，使冲程损失过大也会降低泵效。

89.液压式免攀爬自动升降试井防喷装置的组成部件有哪些？

液压式免攀爬自动升降试井防喷装置的组成部件主要包括液压折叠支座、液压泵、防喷管、三级溢流控制器、液压管、溢流管、封井复合管、放空管、手压泵、天滑轮、地滑轮、绷绳、固定杠等。

90.液压式免攀爬自动升降防喷装置的安装过程是什么？

（1）安装液压折叠支座。

（2）连接防喷管，安装三级溢流控制器。

（3）将仪器装入防喷管。

（4）连接管汇。

（5）安装天滑轮。

（6）安装绷绳链、固定杠。

（7）遥控举升防喷管，旋紧管接。

（8）安装地滑轮。

91. 三视图的投影规律是什么？

主视图反映了物体的长和高，俯视图反映了物体的长和宽，左视图反映了物体的高和宽。因此三视图的投影规律是：主视图、俯视图长对正；主视图、左视图高平齐；俯视图、左视图宽相等。

92. 看零件图的基本要求是什么？

（1）了解零件的名称、用途、材料。

（2）想象出零件各部分的几何形状及结构形状。

（3）了解零件各部分的大小、精度、表面粗糙度以及相对位置。

（4）了解零件的技术要求。

（5）分析了解零件的加工过程和加工方法。

 HSE 知识

（一）名词解释

1. 静电： 由于物体与物体之间的接触和分离，介质极化，或者相互摩擦，带电粒子附着等原因，发生了电荷转移，使物体中的正负电荷失去平衡或电荷分布不均而呈现的带电过程。

2. 触电： 人体直接触及电源或高压电经过空气或其他导电介质传递电流通过人体时引起的组织损伤和功能障碍。

3. 单相接触： 当人体接触带电设备或线路中的某一相导体时，一相电流通过人体流经大地回到中性点。

4. **两相接触**：人体的两处同时触及两相带电体，此时人体承受的是 380V 的线电压。

5. **雷击**：对地闪击中的一次放电。

6. **接地体**：埋入土壤中或混凝土基础中用作疏散电流用的导体。

7. **接地线**：从引下线断接卡或换线处至接地体的连接导体，或从接地端子、等电位连接带至接地体的连接导体。

8. **电流灼伤**：人体与带电体接触，电流通过人体时，因电能转化为热能所引起的伤害。

9. **电弧灼伤**：电流通过空气介质，或电路短路时产生弧光和火花造成的烧伤。

10. **跨步电压触电**：电气设备绝缘损坏或当输电线路一根导线断线接地时，在导线周围的地面上，由两脚之间的电位差所形成的触电。

11. **安全电压**：人体与电接触时，对人体各部位组织（如皮肤、心脏、呼吸器官和神经系统）不会造成任何损害的电压。

12. **保护接零**：把电工设备的金属外壳和电网的零线可靠连接，以保护人身安全的一种用电安全措施。

13. **保护接地**：为了电气安全，将系统、装置或设备的一点或多点接地。

14. **燃烧**：物质与氧化剂化学反应时，发生大量的热和光的现象。

15. **闪燃**：在一定温度下，易燃、可燃液体表面上的蒸气和空气的混合气体与火焰接触时，能闪出火花，但随即熄灭的瞬间燃烧的过程。

16. **自燃**：可燃物质在没有外部明火等火源的作用下，

因受热或自身发热并蓄热所产生的自行燃烧的现象。

17. 着火：可燃物受外界火源直接作用而开始的持续燃烧。

18. 爆燃：可燃物质（气体、雾滴和粉尘）与空气（氧气）的混合物由火源点燃，火焰立即从火源处以不断扩大的同心球自动扩展到混合物存在的全部空间，这种以热传导方式自动在空间传播的燃烧现象称为爆燃。

19. 爆炸极限：当可燃气体、可燃粉尘或液体蒸气与空气（氧气）混合达到一定浓度时，遇到火源就会爆炸，这个浓度范围称为爆炸浓度或爆炸极限。

20. 火灾：在时间或空间上失去控制的燃烧造成的灾害。

21. 冷却法：将灭火剂直接喷射到燃烧物上，将燃烧物温度降至燃点之下，使燃烧停止的灭火方法。

22. 窒息法：使可燃物与助燃物隔绝，可燃物得不到空气中的氧气，而不能继续燃烧的灭火方法。

23. 隔离法：将正在燃烧的物质和周围未燃烧的可燃物隔离或移开，中断可燃物的供给，使燃烧因缺少可燃物而停止的灭火方法。

24. 动火作业：在禁火区进行焊接与切割作业，或在易燃易爆场所使用喷灯、电钻、砂轮等进行可能产生火焰、火花和炽热表面的临时性作业。

25. 高处作业：在坠落高度基准面 2m 及以上有可能坠落的高处进行的作业。

26. 挖掘作业：使用人工或推土机、挖掘机等施工机械，通过移除泥土形成沟、槽、坑或凹地的挖土、打桩、地锚入土深度在 0.5m 以上的作业；建筑物墙壁开槽打眼，造成某些部分失去支撑的作业；在铁路路基 2m 内的挖掘作业。

27.**临时用电作业**：在生产或施工区域临时性使用非标准配置的 380V 及以下的低压电力系统且不超过 6 个月的作业。

28.**进入受限空间作业**：在生产或施工作业区域内，进入罐、仓、槽车、沟、坑、井、池等封闭或半封闭，且有中毒、窒息、火灾、爆炸、坍塌、触电等危害的空间或场所进行的作业。

29.**移动式起重作业**：使用汽车吊、随车吊、旋臂吊、龙门吊、桥吊等起重机械进行的吊装作业，额定起重量不超过 1t。

30.**最低着落点**：在作业位置可能坠落到的最低点。

31.**危险物品**：易燃易爆物品、危险化学品、放射性物品等能够危及人身安全和财产安全的物品。

32.**危险化学品**：具有毒害、腐蚀、爆炸、燃烧、助燃等性质，对人体、设施、环境具有危害的剧毒化学品和其他化学品。

33.**高温作业**：工作地点具有生产性热源，其散热量大于 23W/（m³•h）而工作地点气温高于室外温度 2℃ 及以上的作业。

34.**噪声**：声强和频率的变化都无规律、杂乱无章的声音。

35.**物体打击**：物体在重力或其他外力的作用下产生运动打击人体，造成人身伤亡事故，不包括因机械设备、车辆、起重机械、坍塌等引发的打击。

36.**车辆伤害**：企业机动车辆在行驶中引起的人体坠落和物体倒塌、下落、挤压伤亡事故，不包括起重设备提升、牵引车辆和车辆停驶时发生的事故。

37. 机械伤害：机械设备运动（静止）部件、工具、加工件直接与人体接触引起的夹击、碰撞、剪切、卷入、绞、碾、割、刺等伤害，不包括车辆、起重机械引起的机械伤害。

38. 起重伤害：在各种起重作业（包括起重机安装、检修、试验）中发生的挤压、坠落（吊具、吊重）、物体打击等伤害。

39. 中暑：在高温环境下由于热平衡和（或）水盐代谢紊乱等而引起的一种以中枢神经系统和（或）心血管系统障碍为主要表现的急性热致疾病。

40. 物的不安全状态：物的能量可能释放引起事故的状态。

41. 人的不安全行为：造成人身伤亡事故的人为错误，包括引起事故发生的不安全动作以及未按照安全规程要求执行的行为。

42. 职业病：职业病是指企业、事业单位和个体经济组织等用人单位的劳动者在职业活动中，因接触粉尘、放射性物质和其他有毒、有害物质等因素而引起的疾病。

43. 风险：某一特定危险情况发生的可能性与后果严重性的组合。

44. 危险：系统中存在导致发生不期望后果的可能性超过了人们的承受程度。

45. 风险评价：把风险分析的结果与风险准则相比较，以决定风险和（或）其大小是否可接受或可容忍的过程。

46. 风险控制：针对生产安全风险采取消除、替代、工程控制、管理控制和个体防护防控措施，以及实施风险监测、跟踪与记录的过程。

47. 工作前安全分析：事先或定期对某项工作任务进行风险评价，并根据评价结果制订和实施相应的控制措施，达到最大限度消除或控制风险的方法。

48. 事故：造成人员伤亡、职业病、设备损坏、财产损失或环境破坏的一个或一系列事件。

49. 事件：因工作引起的或在工作过程中发生的可能或已经导致伤害和健康损害的情况。

50. 隐患：在生产经营活动中可能导致事故发生的人的不安全行为、物的不安全状态、环境不良以及管理上的缺陷。

51. 特种作业：容易发生人员伤亡事故，对操作者本人、他人及周围设施的安全可能造成重大危害的作业。

52. 危险因素：可能导致人员伤害和（或）健康损害、财产损失、工作环境破坏、有害的环境影响的根源、状态或行为，或其组合。

53. 危害因素辨识：识别健康、安全与环境危害因素的存在并确定其危害特性的过程。

54. 属地管理：对属地内的管理对象按标准和要求进行组织、协调、领导和控制。

55. 现场处置方案：针对具体的装置、场所或设施、岗位所制订的应急处置措施。

56. 岗位应急处置卡：针对基层班组（岗位）工作环境中存在的危害因素制订的应急处置程序。

57. 应急演练：针对可能发生的事故情景，依据应急预案而模拟开展的应急活动。

（二）问答

1. 哪些物质易产生静电？

金属、木柴、塑料、化纤、油制品等易产生静电。

2. 物质产生静电的条件是什么？

物质在高温、高压、干燥的情况下易产生静电。

3. 为什么静电能将可燃物引燃？

因为可燃性气体及蒸气与空气混合的最小引燃能量为 0.009mJ，可燃性气体与氧气混合的最小引燃能量为 0.0002 ～ 0.0027mJ，粉尘的最小引燃能量为 5 ～ 60mJ，通常静电放出的电火花能量，完全能使可燃物引燃。

4. 防止静电有哪几种措施？

（1）增加湿度。

（2）采用感应式静电消除器。

（3）采用高压电晕放电式消除器。

（4）采用离子流静电消除器。

（5）采用防静电工鞋。

（6）采用防静电服经地面导电。

5. 消除静电的方法有几种？

（1）静电接地。

（2）增湿。

（3）加抗静电添加剂。

（4）使用静电中和器。

（5）工艺控制法。

6. 我国国家标准安全电压额定值的等级分别是多少？

我国国家标准安全电压额定值的等级为 6V、12V、24V、36V、42V。

7. 人体发生触电的原因是什么?

（1）违规操作。

（2）绝缘性能差而漏电，接地保护失灵，设备外壳带电。

（3）工作环境过于潮湿，未采取预防触电措施。

（4）接触断落的架空输电线或地下电缆漏电。

8. 发生人身触电应该怎么办?

（1）当发现有人触电时，应先断开电源。

（2）在未切断电源时，为争取时间可用干燥的木棒、绝缘物拨开电线，或站在干燥木板上或穿绝缘鞋用一只手去拉触电者，使之脱离电源，随后进行抢救。人在高处应防止脱电后落地摔伤。

（3）触电后昏迷但又有呼吸者应抬到温暖、空气流通的地方休息，如呼吸困难或停止，立即进行人工呼吸。

9. 预防触电事故的措施有哪些?

（1）采用安全电压。

（2）保证绝缘性能。

（3）采用屏护。

（4）保持安全距离。

（5）合理选用电气设备。

（6）装设漏电保护器。

（7）保护接地与接零等。

10. 什么是电伤? 电伤分几类?

（1）电伤是电流的热效应、化学效应、机械效应等对人体所造成的危害。（2）电伤主要分为电灼伤、电弧烧伤、机械性损伤等。

11. 怎样识别触电的危险程度？

触电的危险程度应根据电压的高低、绝缘的情况、电力网中性点是否接地、通过人体电流持续的时间和路径等各种因素来识别。当人体通过 50mA 以上的电流时，就有生命危险。

12. 触电方式有几种？有跨步电压危险存在时应怎样做？

（1）人体触电方式主要分为单相触电、两相触电、跨步电压触电 3 种。

（2）跨步电压触电一般发生在高压电线落地时，但对低压电线落地也不可麻痹大意。当一个人发觉跨步电压威胁时，应赶快把双脚并在一起，然后马上用一条腿或两条腿跳离危险区。

13. 触电有哪两种伤害形式？造成伤害情况如何？

（1）触电分为电击和电伤两种伤害形式。

（2）电击是电流通过人体，刺激机体组织，使肌体产生针刺感、压迫感、打击感、痉挛疼痛、血压异常、昏迷、心律不齐、心室颤动等造成伤害的形式。电击严重时会破坏人的心脏、肺部、神经系统的正常工作，形成危及生命的伤害。

电伤是电流的热效应、化学效应、机械效应等对人体所造成的伤害。伤害多见于机体的外部，往往在机体表面留下伤痕。能够形成电伤的电流通常比较大。电伤的危险程度决定于受伤面积、受伤深度、受伤部位等。

14. 发生电气短路的危害是什么？

电气短路时，线路中电流增大为正常时的数倍乃至数十倍，由于载流导体来不及散热，温度上升，除对电气线路和电气设备产生危害外，还形成危险温度。短路的暂态过程会产生大的冲击电流，在流过设备的瞬间产生很大的电动力，造成电气设备损坏。

15. 引起短路的原因有哪些？

（1）电气设备安装和检修中的接线和操作错误，可能引起短路。

（2）运行中的电气设备或线路发生绝缘老化、变质。

（3）受过度高温、潮湿、腐蚀作用。

（4）受到机械损伤等而失去绝缘。

（5）外壳防护等级不够，导电性粉尘或纤维进入电气设备内部，会导致短路。

（6）防范措施不到位，小动物、霉菌及其他植物也可能导致短路。

（7）雷击。

16. 安全用电注意事项有哪些？

（1）手潮湿（有水或出汗）不能接触带电设备和电源线。

（2）各种电气设备必须有接地线。

（3）电路开关一定要安装在火线上。

（4）在接、换熔断丝时，应切断电源。熔断丝要根据电路中的电流大小选用，不能用其他金属代替熔断丝。

（5）正确选用电线，根据电流的大小确定导线的规格及型号。

（6）人体不要直接与通电设备接触，应用装有绝缘柄的工具（绝缘手柄的夹钳等）操作电气设备。

（7）电气设备发生火灾时，应立即切断电源，并用二氧化碳灭火器灭火，切不可用水或泡沫灭火器灭火。

（8）高大建筑物必须安装避雷器，如发现温升过高、绝缘下降时，应及时查明原因，消除故障。

（9）发现架空电线破断、落地时，人员要离开电线地点 8m 以外，要有专人看守，并迅速组织抢修。

17. 燃烧分为哪几类？

燃烧按形成的条件和瞬间发生的特点不同，分为闪燃、着火、自燃、爆炸 4 种。

18. 燃烧必须具备哪几个条件？

燃烧必须具备 3 个条件：

（1）要有可燃物，如木材、纸张、棉纱、汽油、煤油、润滑油。

（2）要有助燃物，即空气中的氧或纯氧。

（3）要达到着火的温度，即达到物质的燃点。

着火的三要素必须同时存在，缺少一个也不能燃烧。

19. 火灾过程一般分为哪几个阶段？

火灾过程一般可分为初期阶段、发展阶段、猛烈阶段、下降阶段和熄灭阶段。

20. 火灾和爆炸事故的特点有哪些？

（1）火灾和爆炸事故具有严重性的特点。火灾和爆炸两种事故所造成的后果往往是比较严重的，它容易造成重大伤亡事故。

（2）火灾和爆炸事故具有复杂性的特点。发生火灾和爆炸事故的原因往往比较复杂。

（3）火灾和爆炸事故具有突变性的特点。火灾、爆炸事故往往是在人们意想不到的时候突然发生。

21. 扑救火灾的原则是什么？

（1）报警早，损失少。

（2）边报警，边扑救。

（3）先控制，后灭火。

（4）先救人，后救物。

（5）防中毒，防窒息。

（6）听指挥，莫惊慌。

22. 常用灭火器有哪几种类型？其各自的适用范围是什么？

（1）清水灭火器：适用于扑救固体物质火灾，即 A 类火灾。

（2）泡沫灭火器：适合扑灭脂类、石油产品等 B 类火灾以及木材等 A 类物质的初起火灾，但不能扑救 B 类水溶性火灾，也不能扑救带电设备及 C 类和 D 类火灾。

（3）酸碱灭火器：适用于扑救 A 类物质的初期火灾，如木、竹、织物、纸张等燃烧的火灾。它不能用于扑救 B 类物质燃烧的火灾，也不能用于扑救 C 类可燃气体或 D 类轻金属火灾，同时还不能用于带电场合火灾的扑救。

（4）二氧化碳灭火器：适用于扑救 600 V 以下带电电器、贵重设备、图书档案、精密仪器仪表的初期火灾，以及一般可燃液体的火灾。

（5）卤代烷灭火器：灭火器用于扑救易燃、可燃液体、气体及带电设备的初期火灾，也能够对固体物质如石、木、纸、织物等的表面火灾进行扑救，尤其适用于扑救精密仪器、计算机、珍贵文物及贵重物资仓库等处的初期火灾。还能用于扑救飞机、汽车、轮船、宾馆等场所初期火灾。

（6）干粉灭火器：大多干粉也称 ABC 干粉，适用于扑救可燃液体、可燃气体和带电设备的火灾，以及一般固体物质火灾，不能扑救轻金属火灾。

23. 灭火的 4 种基本方法是什么？

灭火的 4 种基本方法是隔离法、窒息法、冷却法、抑制法。

24. 火场逃生有哪些注意事项？

（1）逃生要迅速，按照逃生通道指示方向选择合理逃生路线，用湿棉织物捂住口鼻迅速撤离，不要为穿衣或寻找贵重物品而延误时间。

（2）要随手关闭通道上的门窗，以阻止和延缓烟雾向逃离的通道流窜。

（3）如身上着火应迅速脱下衣服或就地翻滚，不要跑动。如附近有水池、水塘可迅速跳进水中。

（4）不要乘坐电梯。

25. 目前油田常用的灭火器有哪些？

目前油田常用的灭火器有泡沫灭火器、二氧化碳灭火器、干粉灭火器等。

26. 手提式干粉灭火器如何使用？适用哪些火灾的扑救？

（1）使用方法：首先拔掉保险销，然后一手将拉环拉起或压下压把，另一只手握住喷管，对准火源根部喷射灭火。

（2）适用范围：扑救液体火灾、带电设备火灾和遇水燃烧等物品的火灾，特别适用于扑救气体火灾，不能扑救轻金属火灾。

27. 使用干粉灭火器的注意事项有哪些？

（1）要注意风向和火势，确保人员安全。

（2）操作时要保持竖直，不能横置或倒置，否则易导致灭火剂不能喷出。

28. 如何检查、管理干粉灭火器？

（1）放置在通风、干燥、阴凉并取用方便的地方。

（2）避免高温、潮湿和腐蚀严重的场合，防止干粉灭火剂结块、分解。

（3）每月检查干粉是否结块。

（4）每月检查压力显示器的指针应在绿色区域。

（5）灭火器一经开启必须再充装，经检验合格后方可使用。

（6）灭火器的摆放应稳固，其铭牌应朝外。手提式灭火器宜设置在灭火器箱内或挂钩、托架上，其顶部离地面高度不应大于1.50m，底部离地面高度不宜小于0.08m。灭火器箱不得上锁。

29. 如何报火警？

一旦失火，要立即报警，报警越早，损失越小，打电话时，一定要沉着。

（1）首先要记清火警电话"119"，接通电话后，要向接警中心讲清失火单位的名称地址、着火物品、火势大小以及火的范围。

（2）同时要注意听清对方提出的问题，以便正确回答。

（3）随后，把自己的电话号码和姓名告诉对方，以便联系。

（4）打完电话后，要立即派人到交叉路口等待消防车的到来，以利于引导消防车迅速赶到火灾现场。

（5）还要迅速组织人员疏散消防通道，消除障碍物，使消防车到达火场后能立即进入最佳位置灭火救援。

30. 油、气、电着火如何处理？

（1）切断油、气、电源，放掉容器内压力，隔离或搬走易燃物。

（2）刚起火或小面积着火，在人身安全得到保证的情况下要迅速灭火，可用灭火器、湿毛毡、湿棉衣、消防砂等灭火，若不能及时灭火，要控制火势，阻止火势向油、气方向蔓延。

（3）大面积着火或火势较猛时，应立即报火警。

（4）油池着火，勿用水灭火。

（5）电器着火，在没切断电源时，只能用二氧化碳、干粉灭火器等灭火。

31. 安全带通常使用期限为几年？几年抽检一次？

安全带通常使用期限为 3～5 年，特殊种类安全带按照说明书中规定的使用年限使用，发现异常应提前报废。使用单位应根据使用环境、使用频次等因素对在用的安全带进行周期性检查，检验周期最长不超过 1 年。

32. 使用安全带时有哪些注意事项？

（1）防坠落安全带应高挂低用，注意防止摆动碰撞，不应加缓冲器。

（2）不准将绳打结使用，也不准将钩直接挂在安全绳上使用，应挂在连接环上使用。

（3）安全带上的各种部件不得任意拆卸。

（4）宜选用围杆式安全带。

33. 遇到什么天气不得从事露天高处作业？

遇 6 级以上大风或大雪、大雨、大雾等恶劣天气时，不得从事露天高处作业。

34. 高处作业常见的事故类型有哪些?

(1) 操作人员从高处坠落。

(2) 物体从高处落下,打在下面的工作人员或过路行人的身上,造成伤亡事故。

(3) 登高作业时触及架空电线,发生触电事故。

35. 高处坠落的消减措施是什么?

(1) 做好作业平台防锈防腐工作并定期检查。

(2) 一次上梯人数不能超过两人,并有专人监护。

(3) 冰雪天气操作前做好防滑措施。

(4) 在设备上操作时,应按规定佩戴安全带并选择合适位置。

36. 高处作业安全有哪些规定?

(1) 参加高处作业的人员必须要身体健康,一般有高血压、心脏病、高度近视等人严禁进行高处作业。

(2) 登高 2m 以上作业时,必须系好安全带。安全带要拴在牢固的地方,防坠落安全带高挂低用,安全带使用前要认真检查,安排专人监护。

(3) 施工人员进行高处作业所用工具必须系好保险绳,防止使用时脱手坠落伤人。

(4) 高处作业人员严禁随意往下扔东西,放物件时,必须用绳索拴好慢慢放下。

(5) 高处作业时,严禁在滑车绳之间或其他能活动的物件上停留。

(6) 在高处脚手架上搭设跳板时,一定要把两头绑牢,严禁出现探头板子。

(7) 土建队伍高处作业中所搭设脚手架,必须符合搭架规定，要安装安全网。

（8）雨天高处作业，必须采取绝对安全防滑措施。

（9）夜间组织高处作业时，必须要有足够的照明设备。

37. 高处坠落的急救要点是什么？

（1）坠落在地的伤员，应初步检查伤情，不要搬动摇晃。

（2）立即呼叫"120"急救电话，请求救治。

（3）采取初步急救措施：止血、包扎、固定。

（4）注意固定颈部、胸腰部脊椎，搬运时保持动作一致平稳，避免脊柱弯曲扭动加重伤情。

38. 机泵容易对人体造成哪些直接伤害？

（1）夹伤：在工作中使用工具不当时会夹伤手指。

（2）撞伤：在受到机泵运动部件的撞击时会造成伤害。

（3）接触伤害：当人体接触到机泵高温或带电部件时造成伤害。

（4）绞伤：头发、衣物等卷入机泵的转动部件造成伤害。

39. 为防止机械伤害事故，有哪些安全要求？

对机械伤害的防护要做到"转动有罩、转轴有套、区域有栏"，防止衣袖、发辫和手持工具被绞入机器。

40. 机械伤害的消减措施是什么？

（1）按规定正确穿戴齐全各种劳动保护用品，操作前对所用工用具仔细检查，正确使用，平稳操作。

（2）对于制动设备应注意检查其制动效果和制动设备的安全性，并及时挂好警示标牌。

（3）应要求员工严格按照操作规程进行操作，并提高员工自身安全意识。

41.哪些伤害必须就地抢救？

触电、中毒、淹溺、中暑、失血。

42.外伤急救步骤是什么？

止血—包扎—固定—送医院。

43.有害气体中毒症状及急救措施有哪些？

（1）症状：气体中毒开始时有流泪、眼痛、呛咳、眼部干燥等症状，应引起警惕，稍重时会头昏、气促、胸闷、眩晕，严重时会引起惊厥昏迷。

（2）急救措施：

① 怀疑可能存在有害气体时，应立即将人员撤离现场，转移到通风良好处休息，抢救人员进入险区必须佩戴正压式空气呼吸器。

② 已昏迷病员应保持气道通畅，有条件时给予氧气呼入，呼吸、心脏骤停者按心肺复苏法抢救，并联系急救部门或医院。

③ 迅速查明有害气体的名称，供医院及早对症治疗。

44.烧烫伤的急救要点是什么？

（1）迅速熄灭身体上的火焰，减轻烧伤。

（2）用冷水冲洗、冷敷或浸泡肢体，降低皮肤温度。

（3）用干净纱布或被单覆盖和包裹烧伤创面，切忌在烧伤处涂各种药水和药膏。

（4）可给烧伤伤员口服自制烧伤饮料糖盐水，切忌给烧伤伤员喝白开水。

（5）搬运烧伤伤员时动作要轻柔、平稳，尽量不要拖拉、滚动，以免加重皮肤损伤。

45.触电的现场急救方法主要有几种？

触电的现场急救方法有人工呼吸法、人工胸外心脏按压法两种。

46. 触电的急救要点是什么？

（1）迅速切断电源。

（2）若无法立即切断电源时，用绝缘物品使触电者脱离电源。人在高处时应防止脱电后落地摔伤。

（3）保持呼吸道畅通。

（4）立即呼叫"120"急救电话，请求救治。

（5）如呼吸、心跳停止，应立即进行心肺复苏。

（6）妥善处理局部电烧伤的伤口。

47. 在临床上中暑可分为哪几种类型？

中暑在临床上可分为3种类型，即先兆中暑、轻症中暑和重症中暑。

48. 中暑应怎样急救处置？

（1）先兆中暑：应立即将患者转移到阴凉、通风环境，口服淡盐水或含盐清凉饮料，休息后即可恢复。

（2）轻症中暑：除口服淡盐水和含盐清凉饮料并休息外，对有循环功能紊乱者可静脉补充5%葡萄糖盐水，但速度不能太快，密切观察，直至恢复。

（3）重症中暑：应静脉补充5%葡萄糖盐水或生理盐水，必要时可补充血浆，可使用电风扇、空调降温，按摩患者四肢及躯干，促进循环散热，同时给予吸氧。体外降温可采用冰帽，或用装满冰块的塑料袋，紧贴两侧颈动脉处及双侧腹股沟处降温；全身降温可使用冰毯，或用冰水擦拭皮肤，同时快速送往医院，交给医生处理。

49. 如何判定触电伤员呼吸、心跳？

触电伤员如果意识丧失，应在10s内用看、听、试的方法，判定伤员呼吸心跳情况。

一看：看伤员的胸部、腹部有无起伏动作。

二听：用耳贴近伤员的口鼻处，听有无呼气声音。

三试：试测口鼻有无呼气的气流，再用两手指轻试一侧（左或右）喉结旁凹陷处的颈动脉有无搏动。

若看、听、试结果，既无呼吸又无颈动脉搏动，可判定呼吸、心跳停止。

50.员工溺水，现场人员应如何救治？

（1）头偏向一侧，清除口、鼻腔内泥沙及污物，将舌拉出口外，保持呼吸道通畅。

（2）救护者取半跪姿势，将溺水者的腹部放在大腿上，使头部下垂，轻压其背部。

（3）对心跳、呼吸停止者进行人工呼吸和心脏按压。

（4）换上干衣物，注意保暖。

（5）尽快送往医院抢救。

51.员工受到电击伤，现场人员应如何救治？

（1）切断电源。

（2）对呼吸、心跳停止者进行人工呼吸或心脏按压。

（3）针刺人中穴。

（4）复苏后及时进行伤口包扎。

（5）送往专业医院治疗。

52.冻伤现场常用急救措施有哪些？

（1）周围环境保持在 22 ～ 25℃。

（2）将冻伤部位浸入 38 ～ 42℃的水中。

（3）可饮用少量饮料，增加身体热量，使毛细血管扩张。

（4）禁止用火烤、冷水浸泡或雪搓。

（5）严重者送往医院。

53. 心脏骤停现场常用急救措施有哪些？

（1）将伤者平放在平整地面上，将患者的咽喉部位的呕吐物清除干净，避免患伤者出现呼吸道堵塞的情况。

（2）用拳叩击伤者的心前区，力度要中等，一般连续叩击3～4次，伤者就可以恢复心跳。

（3）如果用拳叩击没有效果，可以做胸外心脏按压，同时做人工呼吸。有条件的情况下需要及时给伤者吸氧，马上拨打急救电话。

54. 开放性胸部损伤现场常用急救措施有哪些？

（1）迅速用纱布或棉花包扎伤口。

（2）伴有肋骨骨折的，应防止骨端刺破胸膜和肺脏。

（3）将伤员平放在平整地面上。

（4）对心跳、呼吸停止者进行人工呼吸和心脏按压。

（5）拨打急救电话或立即送往医院抢救。

55. 脊柱损伤现场常用急救措施有哪些？

（1）发现出血应立即止血。

（2）采用平卧搬运法以免骨折移位。

（3）对呼吸困难者进行吸氧。

（4）对心跳、呼吸停止者进行人工呼吸和心脏按压。

（5）拨打急救电话或立即送往医院抢救。

56. 休克现场常用急救措施有哪些？

（1）让病人平卧，下肢稍抬高，以利于对大脑供血。

（2）保持呼吸道畅通，以防窒息。

（3）避免随意搬动，以免增加心脏负担。

（4）有条件应立即吸氧。

（5）对心跳、呼吸停止者进行人工呼吸和心脏按压。

（6）送往医院抢救。

57. 呼吸道异物阻塞现场常用急救措施有哪些？

（1）液体异物堵塞，饮一些水或让病人呕吐。

（2）若异物在喉部，要迅速清除口腔及喉部的异物。

（3）异物已坠气管的，送往医院抢救。

58. 机械性损伤现场常用急救措施有哪些？

（1）清洗患处扩创包扎。

（2）对心跳、呼吸停止者进行人工呼吸和心脏按压。

（3）四肢骨折要加以固定。

（4）若脊柱骨折，让病人平卧在平整地面上。

（5）避免颠簸。

（6）送往医院抢救。

59. 头颈损伤现场常用急救措施有哪些？

（1）固定头颈。

（2）恶心呕吐者头应侧转。

（3）呕吐量多者可采取俯卧位。

（4）送往医院抢救。

60. 现场常用应急设备有哪些？

（1）通信设备：防爆对讲机、无线电话、手摇式报警器等。

（2）急救设备：急救箱（包括创可贴、纱布、绷带、三角绷带、剪刀、外用药、防中暑药品）、担架等。

（3）个人防护设备：防护服、安全帽、护目镜、耳塞、耳罩、安全手套、安全鞋、防毒面具、呼吸器和安全带等。

（4）消防设备：手提式干粉灭火器、推车式干粉灭火器、二氧化碳灭火器、消防挂架（消防斧、消防钩、消防桶、消防锹）、消防沙等。

（5）监测设备：有毒有害气体监测仪等。

（6）其他应急设备：警戒带、车辆防火帽（罩）、防爆手电、防爆应急灯、危险标识牌等。

61. 如何进行口对口（鼻）人工呼吸？

（1）在保持伤员气道通畅的同时，救护人员用放在伤员额上的手捏住伤员鼻翼，救护人员深吸气后，与伤员口对口紧合，在不漏气的情况下，先连续大口吹气两次，每次 $1 \sim 1.5s$。

（2）如两次吹气后试测颈动脉仍无搏动，可判断心跳已经停止，要立即同时进行胸外按压。

（3）除开始时大口吹气两次外，正常口对口（鼻）呼吸的吹气量不需过大，以免引起胃膨胀，吹气和放松时要注意查看伤员胸部应有起伏的呼吸动作。

（4）伤员如牙关紧闭，可口对鼻人工呼吸。口对鼻人工呼吸吹气时，要将伤员嘴唇紧闭，防止漏气。

62. 如何对伤员进行胸外按压？

（1）要将患者置于平坦的木地板上或者是平整地面上。

（2）跪于患者一侧，选择胸骨中下 1/3 或者是双乳头连线的中点进行心脏胸外按压。

（3）按压的时候手掌不能离开患者的胸壁。

（4）按压的频率为 $100 \sim 120$ 次 /min，按压的深度为 $5 \sim 6cm$。

（5）胸外按压的时候双手臂要伸直，凭自身的重力，通过双臂和双侧手掌垂直向胸骨加压。

（6）胸外按压的时候不要间断，按压 30 次之后进行人工呼吸，胸外按压与人工呼吸的比例为 30 ：2。

63. 心肺复苏法操作频率有什么规定？

胸外按压要以匀速进行，每分钟 $100 \sim 120$ 次，按压深度达到 5～6cm，每做 30 次心脏按压需要搭配 2 次人工呼吸，按压和人工呼吸交替进行，每 5 次循环后重新判定心跳和呼吸是否恢复，直至抢救成功或急救车到达。

64. 石油、天然气对人体的毒害作用是什么？

（1）原油、油砂属于石油类污染物。原油落地后与地面的水、砂、泥土形成混合物，当暴露在空气中时，其中的轻烃会挥发进入大气，造成大气污染。原油渗入土壤后，会造成土壤和地下水体污染，影响农业生产和人体健康。当原油随雨水等地表径流进入河流水域时，会造成地表水体污染，严重影响水生生物的生存。

（2）天然气中的硫化氢对人体有害，燃烧时通风不良也可能导致中毒。天然气是易燃气体，稍不留意，就有着火、爆炸的危险。

65. 对日常工作中经常进入硫化氢风险区域的工作人员要求有哪些？

（1）识别潜在的硫化氢危害。

（2）熟练掌握各种类型呼吸器材的使用方法。

（3）熟练掌握检测仪报警时应该采取的行动和措施。

（4）熟练掌握硫化氢紧急泄漏的处理程序。

66. 在生产过程中会产生哪些有害因素？

（1）化学因素，包括生产性粉尘和化学有毒物质。生产性粉尘有矽尘、煤尘、石棉尘、电焊烟尘等；化学有毒物质有铅、汞、锰、苯、一氧化碳、硫化氢、甲醛、甲醇等。

（2）物理因素，包括异常气象条件（高温、高湿、低温）、异常气压、噪声、振动、辐射等。

（3）生物因素，一般指附着于皮毛上的炭疽杆菌。

67. 事故应急救援的基本任务是什么？

（1）立即组织营救受害人员，组织撤离或者采取其他措施保护危害区内的其他人员。

（2）迅速控制事态，并对事故造成的危害进行检测、监测、测定事故的危害区域、危害性质及危害程度。

（3）消除危害后果，做好现场恢复，将事故现场恢复至相对稳定的状态。

（4）查清事故原因，评估危害程度，并做好总结救援工作中的经验教训。

68. 发生事故时应怎样报告？

（1）发生事故后，事故当事人或发现人应立即报告上级领导，紧急情况要报警。

（2）伤亡、中毒事故中，应保护现场并迅速组织人员施救，防止发生次生事故。

（3）任何事故无论大小，均应在第一时间以最快方式向上级主管或单位报告。

（4）报告必须真实，不得漏报、瞒报、隐瞒事故真相。

69. 事故报告内容有哪些？

（1）事故发生的时间、地点及事故现场情况。

（2）事故的简要经过。

（3）事故已经造成或者可能造成的伤亡人数（包括下落不明的人数）和初步估计的直接经济损失。

（4）已经采取的措施。

（5）事故发生单位概况。

（6）其他应当报告的情况等内容。

70. 产生疲劳的原因有哪些？

（1）工作条件因素：①劳动制度和生产组织不合理。

②机器设备和工具条件差，设计不良。③工作环境很差。

（2）作业者本身的因素：作业者的熟练程度、操作技巧、身体素质及对工作的适应性，营养、年龄、休息、生活条件以及劳动情绪等。

71. 造成员工心理疲劳的诱因主要有哪些？

（1）劳动效果不佳。

（2）劳动内容单调。

（3）劳动环境缺少安全感。

（4）劳动技能不熟。

（5）劳动者本人的思维方式及行为方式导致的精神状态欠佳、人际关系不好、上下关系紧张以及家庭生活的不顺等。

72. 在生产实践中常会出现的不安全情绪有哪些？

（1）急躁情绪：急躁情绪的表现特征是干活利索但毛躁，求成心切但欠谨慎，工作不够仔细，有章不循，手与心不一致等。

（2）烦躁情绪：烦躁情绪的特征表现为沉闷、不愉快、精神不集中，严重时自身器官及生理机能往往不能很好地协调，更难以与外界条件协调一致。

73. 高温作业环境对人的影响包括几个方面？

（1）高温环境使人心率和呼吸加快。

（2）高温对消化系统具有抑制作用。

（3）湿热环境对中枢神经系统具有抑制作用。

（4）高温环境下，人的水分和盐分大量丧失。

74. 低温环境对人体有哪些影响？

人体在低温下，皮肤血管收缩，体表温度降低，使辐射和对流散热达到最低程度。在严重的冷暴露中，皮肤血管处于极度的收缩状态，流至体表的血流量显著下降或完全停滞。当局部温度降至组织冰点（-5℃）以下时，组织就发生冻结，造成局部冻伤。此外，最常见的是肢体麻木，特别是会影响手的精细运动灵巧度和双手的协调动作。

75. 为什么疲劳驾驶极易造成交通事故？

（1）当驾驶人处于轻度疲劳的状态时，可能会出现对外界信息反应不敏感，观察道路交通情况不周到，处理交通情况不及时等现象。

（2）当驾驶人处于中度疲劳的状态时，可能会出现反应迟钝，驾驶动作不协调，顾此失彼，错误的判断和错误的操作频繁出现等现象，以至于行车间断或者连续地发生险情。

（3）当驾驶人处于重度疲劳的状态时，可能会出现下意识操作甚至短时间睡眠的现象，严重时会失去对车辆的控制能力。

76. 抽油机操作中的主要风险有哪几点？

抽油机操作中的主要风险有触电、机械伤害、高处坠落、火灾。

77. 游梁式抽油机存在着哪十大危险？

（1）平衡块旋转危险。

（2）皮带传动危险。

（3）减速箱高处作业危险。

（4）电动机漏电危险。

（5）操作台高处作业危险。

（6）电动机电缆漏电危险。

（7）节电控制箱漏电危险。

（8）制动失灵危险。

（9）毛辫子悬绳器危险。

（10）攀梯危险。

78. 抽油机井测试过程中容易发生哪些人身伤害事故？

抽油机井测试过程中容易发生机械伤害事故和物体打击类伤害事故。

（1）机械伤害类事故主要有以下几种：

① 挤压伤：曲柄、平衡块、光杆等部件在旋转或往复运动中，人体被其夹住而挤压受伤。

② 碰伤：人与往复运动部件、物体（如驴头、悬绳器等）发生碰撞而受到伤害。

③ 绞伤：如皮带机、联轴器等部件在运动中，运动部件将衣物、头发、抹布等挂住，进而造成人体被其卷进而拧绞受伤。

（2）物体打击类伤害事故主要有以下几种：

① 飞物伤人：丝杠、卡瓦、压力表盘等物体在外力的作用下产生运行，打击人体，造成人身伤亡事故。

② 落物伤人：设备或建筑高处的物体如钢板、螺栓、锤等在重力的作用下产生运行，打击人体，造成人身伤亡。

③ 高压打击：高压液体或气体意外释放喷出，直接作用于人体造成伤害。

79. 引起仪器电池爆炸的原因有哪些？

（1）电池筒密封件失效，造成地层液体进入电池筒，使电池短路而发生爆炸。

（2）地层温度太高，超过了电池的额定温度指标。

（3）电子压力计控制程序的加密区设置太长，使工作电流所产生的持续高温在地层中来不及散发，致使电池发生爆炸。

（4）充电时间过长，或充电器电流过大致使电池发生爆炸。

（5）仪器电池存放位置不当，造成电池温度过高而发生爆炸。

（6）电池本身存在质量问题。

80. 如何避免电池高温爆炸？

（1）下井仪器要仔细检查电池筒的密封圈和支承环，一旦有问题应立即更换。

（2）在编制压力计的控制程序时不要将加密区设置得太长，以免电池供电电流所产生的热量由于采点过于频繁而无法散发。

（3）起下仪器时不要猛提猛刹，防止碰撞而使电池筒变形造成不密封。

（4）拆装仪器时要轻拿轻放，电池充电时，充电时间不宜过长。

（5）电池要低温存放，不能在日光下暴晒或靠近火源。

（6）选购质量合格的产品。

81. 在产有毒气体的井上测试时的注意事项有哪些？

（1）测试前召开专门的安全会，识别现场风向、逃生路线等，并强调人员防护设备的使用和制订急救措施。

（2）测试前认真检查准备正压呼吸器、有毒气体检测仪。

（3）产出气体含硫化氢时，应使用抗硫钢丝（电缆）、抗硫防喷管和抗硫防喷盒。

（4）测试期间产出气体泄漏应立即停止施工，撤离现场，将情况报上级部门。

82. 有毒有害气体泄漏时的处理程序？

（1）现场发现有毒有害气体泄漏、有人员中毒或监测仪器发出警报时，应立即发出撤离信号，和其他人员一起向安全区域（毒气源上风口）撤离，现场负责人清点人数，并向本单位领导报告。

（2）救助人员要正确佩戴安全防护设备（如正压式空气呼吸器等）后，在保证自身安全的情况下，迅速使中毒人员脱离有毒有害气体区域，将其转移到安全的空气新鲜处。有条件应立即配给氧气并送医院抢救。

（3）在保证安全的前提下（如佩戴正压式空气呼吸器），迅速关井，切断毒气源。

（4）在保证安全的前提下，现场负责人应组织人员进行警戒，防止其他人员进入危险区域。

83. 低压测示功图时的安全注意事项有哪些？

（1）测试前应了解电源线路及电压，电压必须与仪器熔断丝熔断的电压相符，以免烧毁仪器。

（2）必须认真执行停启抽油机操作规程。

（3）雨天操作仪器须戴绝缘手套，穿胶靴，以防漏电伤人。

（4）一般不准使用卡瓦卡光杆。

（5）测试过程中，不管出现任何故障，必须先停抽油机，再进行故障处理和排除。不允许在抽油机运转的情况下进行任何故障处理或排除。在抽油机平衡块附近工作时，要特别注意安全。

（6）在结蜡、出砂严重的井上测试时，操作要迅速，停泵时间要短，以免卡泵。

（7）装卸仪器时，若悬绳器上、下夹板顶开的高度不够，不准硬行装卸。装好仪器后，必须锁好安全锁，防止遇卡时摔坏仪器。

（8）测试时，操作者应站在安全位置，不许正面对着驴头及悬绳器，以防卡泵时仪器甩出伤人。

（9）禁止在井口吸烟或点明火。

84. 测试时为何使用警示标志？

（1）禁止非工作人员进入警示区域，避免发生人员伤害。

（2）警示操作人员，杜绝违章指挥和违章操作。

85. 注水井测试时如何避免物体打击类事故的发生？

（1）井口岗在高处作业时，禁止乱扔工具、仪器或其他物料，禁止同地面人员抛接工具等。

（2）手持工具和零星物料应随手放在工具袋内，禁止在防喷管操作台、井口阀门及大法兰等位置上放置工具、仪器等物品。

（3）在传送仪器及工具时，一定要注意相互间的配合，相互呼唤确认对方抓牢后方可放手。

（4）严禁操作使用带"病"设备、工具及仪器等。

（5）排除设备绞车故障或清理油污前，必须停机。

（6）开关阀门要注意避让开阀门及防喷管放空阀等部位。

（7）禁止用低压管、阀代替高压管、阀使用。

86. 钢丝作业对作业环境和人员有哪几方面的要求？

（1）照明度。

（2）风力。

（3）有害物质。

（4）人员精神状态。

87. 钢丝测试过程中安全注意事项有哪些？

（1）现场测试过程中，当仪器起到井口时，一定要探闸板，听到声音后，才能关死阀门。

（2）在作业井测试时，操作人员必须戴安全帽，以防井架上落物伤人。

（3）操作试井绞车挂离合器前，必须将绞车摇把拉出，以免伤人。

（4）禁止用管钳、扳手或其他金属器械在井口猛烈敲打，以免造成井口损坏及打出火花引起井口漏气部位着火。

（5）不要用棉纱、毛毡等物在密封填料压帽与滑轮之间擦抹钢丝上油污，防止压手或钢丝跳槽。

（6）在稠油井、高凝油井测试时，防喷管须用绷绳加固或同时用地滑轮导向，以免负荷过重造成事故。

（7）井场内不准吸烟或点明火。

（8）开关阀门要平稳，严禁身体正对阀门进行操作。

（9）仪器通过油管鞋时，放慢起下速度，最好用手摇绞车使仪器进入油管鞋上 20m 后，改为机动绞车上起，防止仪器碰到油管底部，拉断钢丝，造成落物事故。

（10）对高产井、气油比高的井，下放仪器须加重，防止顶钻发生。

（11）遇到仪器在井下遇阻无法正常上提或下放时，须缓慢增加绞车动力并通知现场施工人员转移至安全区域后方可挣脱绳帽。

（12）仪器提至井口处遇阻需解缠并断开钢丝时，须严格执行操作规程，避免因操作不当造成人员受伤或仪器掉井。

（13）应定期对钢丝进行保养，避免因生锈、弯折造成钢丝应力下降产生事故。

（14）严禁跨越、穿越运行中或施工人员正在钳断中的钢丝。

88. 试井施工有哪些安全注意事项？

（1）施工前详细了解该井管柱结构，防止造成仪器遇卡等工程事故。

（2）施工前认真检查防喷管及连接情况。

（3）仪器连接前要检查密封胶圈，连接要紧固。

（4）搬运仪器时，轻拿轻放，防止伤人和损坏仪器。

（5）登高作业时佩戴好安全带、安全绳等防护品，要有人监护。

（6）开关阀门时应保持侧身位。

（7）起下仪器时，严禁跨越钢丝，防止弹起伤人。

（8）起仪器时要根据钢丝负荷情况随时调整速度，防止起下钢丝速度过快，钢丝拉断，造成仪器落井事故。

（9）上下井口时手要扶好梯子，脚站稳后方可上下。

（10）起下仪器检查滑轮工作状况时，严禁触摸滑轮。

89. 气井试井施工时有哪些安全注意事项？

（1）进入气井测试施工现场前，施工人员必须穿戴防静电工服、工鞋、安全帽、手套。

（2）进入气井测试施工现场时手机必须关机，车辆必须使用防火帽，不允许携带火种进入测试井场。

（3）气井测试班组必须配备正压式呼吸器、有毒有害及可燃气体报警器。

（4）测试施工必须使用防爆工具。

（5）气井测试施工前，使用可燃气体报警器对气井测试施工现场及周围进行气体监测检查；对采油树阀门、仪表流程进行安全检查，确认是否具备安全施工条件。

（6）测试车辆摆放在上风口，进入井场后车辆熄火，绞车轮胎下打好掩木。每次发动车辆时都必须使用可燃气体报警器进行气体检测。

（7）车辆电路系统和车载地面仪器无短路和漏电现象，接地线和接地棒符合要求。

（8）车载发电机必须有防爆设备。

（9）气井测试施工时，使用警戒带划定施工区域，与气井测试无关人员禁止入内。按要求摆放好灭火器，确定逃生路线。

（10）井口施工严禁敲击，以防产生火花。

（11）高处作业时井口岗需要佩戴安全带。

90. 高处作业级别是如何划分的？

高处作业分为四级（作业基准面高度用 h_w 表示）。

（1）一级高处作业：$2m \leqslant h_w < 5m$。

（2）二级高处作业：$5m \leqslant h_w < 15m$。

（3）三级高处作业：$15m \leqslant h_w < 30m$。

（4）特级高处作业：$h_w \geqslant 30m$。

91. 高处作业的主要危害因素有哪些？

高处作业存在的安全风险主要为高处坠落伤害，主要危害因素有：

（1）患有心脏病、高血压等职业禁忌证，以及年老体弱、疲劳过度、视力不佳等的人员从事高处作业。

（2）高处作业人员未按规定穿戴个人防护用品。

（3）高处作业人员随身携带的工具未系安全绳或抛掷工具。

（4）夜间高处作业未配备充足的照明。

（5）攀登器材质量不合格。

（6）在 6 级及以上大风和雷电、暴雨、大雾等恶劣天气情况下进行高处作业。

（7）冬季开展高处作业时未做好防冻、防寒、防滑工作。

（8）高处施工平台、临边、洞口等无防护栏杆或安全设施。

（9）脚手架搭设不规范，防护设施不全，脚手板材质或铺设不符合要求等。

92. 动火作业的主要危害因素有哪些？

动火作业存在的安全风险主要为火灾和爆炸，主要危害因素有：

（1）作业人员未佩戴个人防护用品。

（2）当人员、工艺、设备或环境安全条件变化时，以及现场不具备安全作业条件时，未停止作业。

（3）作业人员在动火点的下风向作业。

（4）动火作业过程中无监护人进行现场监护。

（5）未清理动火现场周围的易燃物品。

（6）进入受限空间进行动火前，未对受限空间进行气体检测，未配备检测仪和正压式空气呼吸器。

（7）高处动火作业人员未使用阻燃安全带。

93. 临时用电作业的主要危害因素有哪些？

临时用电作业存在的安全风险主要为触电伤害，主要危害因素有：

（1）作业人员未按规定穿戴个人防护用品。

（2）将线路架设在树木或临时设施上。

（3）架空线路上存在接头，且无结构支撑。

（4）在接引、拆除临时用电线路时，其上级开关未断电，无上锁挂签措施。

（5）2 台或 2 台以上用电设备使用同一开关直接控制。

94. 挖掘作业的主要危害因素有哪些？

挖掘作业存在的安全风险主要为高处坠落，物体打击伤害和塌方，主要危害因素有：

（1）作业人员未佩戴个人防护用品。

（2）作业过程中发生塌方等事故。

（3）作业过程中损坏地下管道等，导致有毒有害气体外溢。

（4）由于对开挖的坑、沟防护不当，造成人员坠落。

（5）物体坠入开挖的坑、沟内，造成坑、沟内作业人员伤害。

（6）开挖的坑、沟内存在积水，且坑、沟外警示标志不清、防护不当，存在人员坠入淹溺风险。

（7）在坑、沟内进行吊装作业时，由于作业区域狭窄，作业人员易被吊物挤伤或者压伤。

（8）挖掘作业人员之间、人员与挖掘机械之间未保持安全距离。

95. 进入受限空间作业的主要危害因素有哪些？

进入受限空间作业存在的安全风险主要为机械伤害和中毒、窒息，主要危害因素有：

（1）作业人员未按规定穿戴个人防护用品。

（2）未将运转设备的动力源和电源断开，或未对动力源或电源进行上锁挂签。

（3）进入受限空间前未检测氧气或有毒有害气体浓度。

96. 起重作业的主要危害因素有哪些？

起重作业存在的安全风险主要为机械伤害和物体打击伤害，主要危害因素有：

（1）绳套与吊装物不匹配。

（2）在视线不清或大雾、大雪、雷雨、6级及以上大风等恶劣天气下进行起重作业。

（3）作业人员未按规定穿戴个人防护用品。

（4）夜间进行吊装作业时，照明不足、视线不清。

（5）吊装区域附近有高压线。

（6）吊点选择不正确或与吊点连接不牢固。

（7）未正确使用牵引绳。

（8）人员站位不合理，从吊物下方通过，或在吊臂旋转半径范围内。

97. 免攀爬防喷装置使用时安全注意事项有哪些？

（1）在防喷装置升降及测试过程中，不应跨越液压管、封井复合管等高压管线。

（2）在防喷装置升降过程中，防喷管升降轨迹两侧1.5m 以内不应站人。

（3）在安装、使用、拆卸防喷装置过程中应符合操作规程要求，防止出现碰伤、砸伤、夹伤等伤害。

98. 启停抽油机时安全操作要求有哪些？

（1）抽油机井作业时，应佩戴绝缘手套，两人配合启停抽油机，一人操作，一人监护。

（2）操作人员应使用试电笔检查配电箱外壳金属部分。

（3）监护人应配备绝缘棒，负责在操作人员侧后方进行监护。

99. 试井现场安全环保施工时对施工区域布置的要求有哪些？

（1）井口岗负责检查井口设施，将检查结果告知班长，由班长负责与采油工完成相关交接手续。

（2）班长负责布置警戒带，圈闭施工现场，警戒带起始两端留有逃生口并设置逃生路线指示牌，指示箭头对应施工现场外的井排路或安全地带，在安全区域便于观察。

（3）班长负责划定施工安全区域并设置安全区域标识牌，用于仪器连接、工具摆放，要求不应设置在井口阀门对应方向上，应远离试井钢丝。

100. 试井现场施工时车辆摆放要求有哪些？

（1）作业队伍应采用风向旗等测量风向。

（2）车辆宜摆放在上风口、距井口 15～20m 处。

（3）施工区域正上方无高压线。

（4）施工车辆后轮均打掩木，掩木距离车轮 10cm 以内固定放置。

101. 试井现场施工环境保护要求有哪些？

（1）现场施工产生的废液不应洒落在地面。无测试阀的注水井，安装试井装置前产生的废液应使用回收桶回收；施工中产生的废液使用回收桶回收；拆卸井口试井装置前，应关闭井口阀门，将防喷装置内余压放尽，产生的废液应使用回收桶回收。

（2）班组在施工现场回收的废液，统一交回本单位，由本单位按要求合规处理。

（3）现场固体废物应使用垃圾袋回收，回收的固体废物不应随意倾倒。

（4）施工结束后，井场应平整、无施工产生的垃圾及污染物。

（5）施工现场发生环境污染事件，应立即按应急处置要求执行。

102. 防喷阀（BOP）的作用是什么？有几种类型？

防喷阀门又称为 BOP，是用于在下入电缆（钢丝）出现问题时紧急关闭井口，防止发生井喷事故的装置。BOP分为手动和液压传动两种类型。

103. 油田防火的"三清、四无、五不漏"是什么？

（1）"三清"是指机械设备、泵房、道路清。

（2）"四无"是指无油污、无杂草、无明火、无其他易燃物。

（3）"五不漏"是指油、气、水、火、电不漏。

104. 消防安全"四懂四会"的内容是什么？

（1）四懂：懂得岗位火灾的危险性；懂得预防火灾的措施；懂得扑救火灾的方法；懂得火场逃生的方法。

（2）四会：会报火警"119"；会使用消防器材；会扑救初期火灾；会组织人员疏散。

105. 中国石油天然气集团有限公司"反违章六条禁令"的内容有哪些？

（1）严禁特种作业无有效操作证人员上岗操作。

（2）严禁违反操作规程操作。

（3）严禁无票证从事危险作业。

（4）严禁脱岗、睡岗和酒后上岗。

（5）严禁违反规定运输民爆物品、放射源和危险化学品。

（6）严禁违章指挥、强令他人违章作业。

106. 中国石油天然气集团有限公司安全生产"四条红线"的内容是什么？

（1）可能导致火灾、爆炸、中毒、窒息、能量意外释放的高危和风险作业。

（2）可能导致着火爆炸的生产经营领域的油气泄漏。

（3）节假日和重要敏感时段（包括法定节假日，国家重大活动和会议期间）的施工作业。

（4）油气井井控等关键作业。

107. 中国石油天然气集团有限公司 HSE 管理九项原则的内容是什么？

（1）任何决策必须优先考虑健康安全环境。

（2）安全是聘用的必要条件。

（3）企业必须对员工进行健康安全环境培训。

（4）各级管理者对业务范围内的健康安全环境工作负责。

（5）各级管理者必须亲自参加健康安全环境审核。

（6）员工必须参与岗位危害识别及风险控制。

（7）事故隐患必须及时整改。

（8）所有事故事件必须及时报告、分析和处理。

（9）承包商管理执行统一的健康安全环境标准。

108. 属地管理的目的是什么？

实行属地管理是为了落实线性管理责任，树立"安全是我的责任"的意识，实现从"要我安全"到"我要安全"的转变，真正提高员工 HSE 执行力。通过实施属地管理，做到"事事有人管，人人有专责"，确保 HSE 管理无空白。

109. 作业许可的注意事项有哪些？

（1）办理作业许可证前必须进行工作前安全分析。

（2）所有作业许可审批人必须到现场进行一一核查。

（3）作业许可项目必须安排专人进行监督。

（4）作业完毕后，要执行关闭程序，恢复现场，确认清除隐患。

110. 事故处理"四不放过"的原则是什么？

所有事故均应按"四不放过"原则进行处理，即事故原因未查清不放过，事故责任人未受到处理不放过，整改措施未落实不放过，有关人员未受到教育不放过。

111. 应急演练的目的及原则是什么？

（1）应急演练的目的：检验预案、完善准备、锻炼队伍、磨合机制、科普宣教。

（2）应急演练的原则：结合实际、合理定位；着眼实战、讲求实效；精心组织、确保安全；统筹规划、厉行节约。

112."四不两直"的内容是什么？

不发通知、不打招呼、不听汇报、不用陪同接待、直奔基层、直插现场。

113. 新安全生产法中"三管、三必须"的内容是什么？

管行业必须管安全、管业务必须管安全、管生产经营必须管安全。

第三部分
基本技能

 操作技能

1. 制作录井钢丝绳结。

准备工作：

（1）正确穿戴劳动保护用品。

（2）工用具、材料准备：200mm 手钳 1 把，注水井测试堵头 1 个，测试绳帽 1 个，ϕ2.4mm 试井钢丝 1000m，擦布 1 块。

操作程序：

（1）操作前的检查。

① 用擦布擦拭测试钢丝，检查钢丝有无生锈、腐蚀、砂眼、死弯等现象。

② 检查手钳是否有锈蚀，是否灵活好用。

③ 检查测试堵头螺纹是否完好，孔眼是否符合要求。

④ 检查绳帽螺纹是否完好。

（2）将测试钢丝从测试堵头及测试绳帽依次穿过。

（3）将测试钢丝从堵头及绳帽处拉出，用脚踩住钢丝，将堵头及绳帽放在适当位置。

（4）双手拿住钢丝打出圆环，修正圆环使之与主股钢丝对称。

（5）拉紧钢丝短的一头进行缠绕，下面一层 4 圈，上面一层 3 圈，钢丝排列整齐、紧密。绳结总长度不得超过 25mm，圆环直径不得大于 12mm，不得小于 6mm。

（6）剪掉多余的钢丝，将绳结根部理直。

（7）将绳结拉入绳帽内，检查绳结是否转动灵活。

（8）清理现场，打扫卫生。

操作安全提示：

（1）用手钳扳正圆环时一定要夹住圆环，防止手钳没有夹持住钢丝而伤人。

（2）缠绕钢丝时抓紧钢丝不能松手，防止钢丝反弹伤人。

（3）剪掉多余的钢丝头时，防止划伤。

2. 使用万用表。

准备工作：

（1）正确穿戴劳动保护用品。

（2）工用具、材料准备：75mm 一字形螺丝刀 1 把，MF500 型万用笔 1 块，不同阻值的电阻 3 只，电池 1 块，交流电源 1 台。

操作程序：

（1）检查万用表校验合格证书，对万用表机械调零。正确选择红、黑颜色表笔插入测试孔。

（2）测量电阻：将挡位开关置于"Ω"挡，将量程开关置于相应范围内，将两表笔短接，进行"Ω"调零，然后将被测电阻接在两表笔之间。表盘上的读数乘以所选挡位量程倍数即为所测电阻值。测量电阻时每次换挡都应进行"Ω"调零。

（3）测直流电流：将挡位开关置于"mA"，将量程开关置于相应范围内，然后按电流从正到负的方向将万用表连接到被测电路中，在直流电流刻度下，读出数值。

（4）测直流电压：将挡位开关置于直流"V"挡，将量程开关置于相应范围内，将两表笔按正负极并联到被测电路两端，在直流电压刻度下读数。

（5）测交流电压：将挡位开关置于交流"V"挡，将量程开关置于相应范围内，将表笔置于被测电压两端，在交流电压刻度盘读数。

（6）测量电流或电压时，如不清楚测量范围，应先选择最大挡开始测量，然后再逐级降挡测量，保证指针在量程的 1/3 ～ 2/3 处。

（7）测量完成后，万用表恢复到安全挡位，收表笔线。

操作安全提示：

（1）测量直流电压时，必须注意极性，不能用直流挡测交流。

（2）测量时应正确连接正负极，以免表针反向偏转损坏表头。

（3）测量时应用手握住测试笔杆，不应用手接触测试笔尖和被测元件。

（4）测量电压，尤其是高压时应注意安全，最好一只手将表笔固定，另一只手拿表笔触及测试点。

3. 使用兆欧表。

准备工作：

（1）正确穿戴劳动保护用品。

（2）工用具、材料准备：200mm 活动扳手 1 把，75mm 一字形、十字形螺丝刀各 1 把，兆欧表 1 只，被测设备 1 台，擦布、砂纸若干。

操作程序：

（1）检查兆欧表校验合格证书，检查外观是否正常，将兆欧表水平放置，L和E两接线桩分别接入红黑两表笔。

（2）对兆欧表进行短路验表和开路验表：使L和E接线两表笔短接，慢慢摇动手柄，指针应迅速指零，证明短路验表合格；将L和E两接线表笔开路，摇动手柄速度为120r/min，表针指示"∞"，证明开路验表合格。

（3）检查确认被测电气设备接线应与电源彻底切断，绝对不允许设备和线路带电时用兆欧表去测量。

（4）测量前，应对设备和线路先行放电，以免设备或线路的电容放电，危及人身安全和损坏兆欧表，测量时将被测试点擦拭干净。

（5）确认接线正确无误。兆欧表有3个接线桩："E"（接地）"L"（线路）和"G"（保护环或屏蔽端子）。

（6）摇动手柄的转速要均匀，转速为120r/min，通常摇动1min，待指针稳定后进行读数。测量中若指针指零，应立即停止摇动手柄。

（7）测完后先拆去接线，再停止摇动。

（8）测量完毕，应对被测设备进行充分放电，兆欧表未停止转动前，切勿用手去触及设备的测量部分或兆欧表接线桩。拆线时也不可直接去触及引线的裸露部分。

操作安全提示：

（1）测量前，被测设备必须与其他电源断开，测量完毕一定要将被测设备充分放电，以保护设备及人身安全。

（2）兆欧表与被测设备之间应使用单股线分开单独连

接，并保持线路表面清洁干燥，避免因线与线之间绝缘不良引起误差。注意在摇动手柄时不得让 L 和 E 短接时间过长，否则将损坏兆欧表。

（3）摇动手柄时，应由慢渐快，均匀加速到 120r/min，并注意防止触电。

（4）为了防止被测设备表面泄漏电阻的干扰，使用兆欧表时，应将被测设备的中间层（如电缆壳芯之间的内层绝缘物）接于保护环。

（5）禁止在雷电时或在附近有高压导体的设备上测量绝缘电阻，只有在设备不带电又不可能受其他电源感应而带电的情况下才可测量。

4. 使用游标卡尺测量工件。

准备工作：

（1）正确穿戴劳动保护用品。

（2）工用具、材料准备：HB 铅笔若干，橡皮 1 块，A4 白纸若干，棉纱若干，200mm 直尺 1 把，精度 0.02mm、规格 0 ~ 200mm 卡尺 1 把，被测工件若干。

操作程序：

（1）检查卡尺：有合格证书，无损伤，螺钉无松动，主副尺贴合零线对齐。

（2）将测量工件擦拭干净。

（3）测量工件的深度：将深度尺垂直插入工件内，尺身尾部紧靠工件的基准面。从主副尺上读出测量数据并记录。

（4）测量工件的外径：使固定量爪和活动量爪紧贴被测量工件的外壁，要测出两点间的垂直距离，拧紧固定螺钉。缓慢取下卡尺，读出测量数据并记录。

（5）测量工件的内径：松固定螺钉，四指紧握主尺，大拇指向前或向后推动，将上量爪轻轻卡入孔内，慢慢推动副尺，使内径卡在卡尺槽内，拧紧固定螺钉。缓慢取出卡尺，读出测量数据并记录。

（6）操作中要平稳，视线要与卡尺读数垂直，测量数据以 mm 为单位，数值误差为 ±0.02mm。

操作安全提示：

（1）注意测量工件固定量爪和活动量爪扎伤人。

（2）操作过程中要将工件放稳，防止掉落。

5. 启、停抽油机。

准备工作：

（1）正确穿戴劳动保护用品。

（2）工用具、材料准备：试电笔 1 支，抽油机井 1 口，绝缘手套 1 副，细纱布若干，报表 1 张，记录笔 1 支。

操作程序：

（1）操作前的检查。

① 检查确认抽油机各连接部位牢固可靠，刹车完好灵活，皮带无损伤，松紧合适。

② 检查确认刹车完整、灵活、可靠，无自锁现象。

③ 检查确认井口设备完好，防喷盒密封填料、井口阀门不渗漏。

④ 检查确认井口生产流程正常，出油管线畅通。

（2）启动抽油机。

① 用试电笔对配电箱进行验电后，戴绝缘手套打开配电箱，确认电路设备完好。

② 松开刹车，对于新井或长停井，重新开抽前，应人工盘动皮带观察是否有卡滞现象。

③ 合空气开关，点按启动按钮，让曲柄摆动。如连续 3～4 次仍不能启动时应停车检查。

④ 当曲柄摆动方向与抽油机运转方向一致时，再按下启动按钮，顺势启动抽油机。

⑤ 待电动机运转正常后将手柄推至运行位置；检查抽油机各部件运转是否正常，是否有异响。

（3）停运抽油机。

① 验电后，戴绝缘手套按停止电钮，让电动机停止工作。

② 刹紧刹车，分开空气开关，将自启开关扳到关的位置。

③ 根据油井情况，让驴头停在适当位置。

④ 一般驴头停在上冲程的 1/2～2/3 处；曲柄停在右上方（井口在左前方时），以便开抽时容易启动。

⑤ 对于出砂井，驴头停在上死点；气油比高、结蜡严重的井及稠油井，驴头停在下死点。

操作安全提示：

（1）打开配电箱前一定要先验电，确认安全后方可操作。

（2）操作时，戴绝缘手套，留长发的员工应将头发压在帽子里，并侧身操作。

（3）停机时，须检查控制箱内有无自启开关。如开关在自动位置，应将开关扳向手动。

（4）停机后，一定要拉紧刹车，将空气开关分离开。根据测试内容和本井情况，让驴头停在适当位置。

（5）启动时，曲柄摆动方向和抽油机转动方向必须一致，否则禁止启动。

（6）按启动电钮，连续启动 3～4 次不成功时，应停机检查。

（7）启动时，抽油机附近严禁站人，特别是曲柄旋转处。

（8）盘动皮带时禁止用手抓皮带。

6. 开、关抽油机井。

准备工作：

（1）正确穿戴劳动保护用品。

（2）工用具、材料准备：600mm 管钳 1 把，F 形扳手 1 把，200mm 活动扳手 1 把，试电笔 1 支，纸、笔若干，抽油机井 1 口，井口装置为 CY250 型采油树。

操作程序：

（1）操作前的检查。

① 确认抽油机各连接部位牢固可靠，刹车完好灵活，皮带无损伤，松紧合适。

② 检查刹车是否完整、灵活、可靠，有无自锁现象。

③ 确认井口设备完好，防喷盒密封填料、井口阀门不渗漏。

④ 确认井口生产流程正常，出油管线畅通。

（2）关井操作。

① 联系采油站，通知关井原因。

② 用试电笔对抽油机配电箱进行验电，按停止电钮，刹紧刹车，断开空气开关，使驴头停在适当位置，上紧密封盒。

③ 用 F 形扳手平稳关闭生产阀，观察压力变化，此时井口油压表指针应有明显变化。

④ 检查井口流程，确认无误、无渗、无漏。

（3）开井操作。

① 联系采油站并确认计量间流程已倒到正常生产流程，记录此关井状态的油压、套压值。

② 用 F 形扳手平稳打开生产阀，听出油声音，观察压力变化，此时井口油压表指针应有明显变化。

③ 将密封盒松半圈左右，启动抽油机，松刹车，合空气开关，启动一次抽油机，待曲柄运动方向与正常运转方向一致时，再次按启动按钮，启动抽油机。

④ 检查井口流程，确认无误后，检查抽油机运转状态并调整光杆密封圈松紧。

操作安全提示：

（1）打开配电箱前一定要先验电，确认安全后方可操作。

（2）操作时，戴绝缘手套，留长发的员工应将头发压在帽子里，并侧身操作。

（3）停机时，须检查控制箱内有无自启开关，如有开关在自动位置，应将开关调至"手动"位置。

（4）停机后，一定要拉紧刹车，分开空气开关。根据测试内容和本井情况，使驴头停在适当位置。

（5）启动时，曲柄摆动方向和抽油机转动方向必须一致，否则禁止启动。

（6）按启动电钮，连续启动 3～4 次不成功时，应停机检查。

（7）启动时，抽油机附近严禁站人，特别是曲柄旋转处。

（8）盘动皮带时禁止用手抓皮带。

（9）开井前一定要与采油工联系、沟通，保证计量间内流程符合开井要求。

（10）若抽油机因故不能及时启动，要通知采油队处理。

（11）使用 F 形扳手或管钳开阀门时，注意开口向外。

7. 电子压力计测前检查及组装。

准备工作：

（1）正确穿戴劳动保护用品。

（2）工用具、材料准备：450mm 管钳 1 把，75mm 一字形、十字形螺丝刀各 1 把，压力计专用扳手 2 把，压力计电池测压设备 1 套，笔记本电脑 1 台，压力计 1 支，通信电缆 1 根，压力计专用密封圈 5 个，无酸润滑油 100g。

操作程序：

（1）检查电子压力计合格证、检验记录及检定合格证。

（2）检查确认压力计量程、直径及长度符合测试施工要求。

（3）检查确认电池电压正常，检查确认笔记本电脑及通信电缆完好。

（4）检查确认压力计外观无变形、伤痕，压力计各部螺纹紧固、密封完好。

（5）检查确认传压孔畅通无污物、无堵塞，加重杆、绳帽齐全完好。

（6）打开回放软件，将通信电缆与笔记本电脑连接，设置端口；再将通信电缆另一端与压力计连接，检查压力计工作状态。

（7）根据测试内容，设置时间表，关闭笔记本电脑，拔下通信电缆。

（8）安装电池，仪器进入工作状态后安装电池护筒，连接加重杆、绳帽，用专用扳手紧固各连接部位，准备下井。

操作安全提示：

（1）上卸仪器时，必须用专用扳手，禁止用管钳上卸。

（2）操作时要轻拿轻放，禁止猛顿、猛放。

（3）放入电池时，一定要保证正确插接后，再上电池压帽。

（4）连接、取下数据线时，要在关机状态下进行。

8. 安装使用环空井防喷装置。

准备工作：

（1）正确穿戴劳动保护用品。

（2）工用具、材料准备：黄油 500g，棉纱 500g，机油 500g，密封圈若干，250mm 活动扳手 1 把，450mm 管钳 2 把，200mm 手钳 1 把，环空井防喷装置 1 套，小直径压力计 1 支，加重杆 1 根，试井车 1 台，环空井口 1 个。

操作程序：

（1）检查确认井口防喷装置齐全有效（防喷管）。

（2）检查清洁防喷装置。

（3）更换防喷盒密封圈。

（4）检查确认连接螺纹完好，并涂抹密封润滑油。

（5）连接仪器、防喷盒、防喷管。

（6）关偏孔阀，缓慢放压后卸下堵头。

（7）先安装偏心小井口，再安装偏心井口防喷管。

（8）开偏孔阀，将防喷管中的仪器下入井下。

（9）关偏孔阀，缓慢放压后，卸下防喷管，安装井口滑轮和偏心小井口堵头。

（10）开偏孔阀，下放仪器按设计书要求进行测试。

（11）测试完毕后，上起仪器至井口位置，关偏孔阀，取下井口滑轮和偏心小井口堵头，安装偏心井口防喷管。

（12）开偏孔阀，将仪器拉入防喷管中，关闭偏孔阀，缓慢放压。

（13）卸下防喷管并分解；卸下偏心小井口。

（14）装上偏孔阀上的堵头。

（15）打开偏孔阀，恢复原状。

操作安全提示：

（1）安装前认真检查和更换防喷盒密封圈。

（2）要缓慢放掉防喷管内气压，确定没压力后再卸下堵头。

（3）开关偏孔阀时要注意侧身。

（4）拆卸、安装防喷管时应注意防止重物伤人。

9. 偏心井口抽油机井流压、静压测试。

准备工作：

（1）正确穿戴劳动保护用品。

（2）工用具、材料准备：黄油 500g，棉纱 500g，机油 500g，密封圈若干，250mm 活动扳手 1 把，450mm 管钳 2 把，200mm 手钳 1 把，试电笔 1 支，19～22 号开口扳手 1 把，环空井防喷装置 1 套，小直径压力计 1 支，笔记本电脑 1 台，通信电缆 1 条，加重杆 1 根，试井车 1 台，环空井口 1 个。

操作程序：

（1）按照测压施工设计书，确定被测井的管柱结构、井口装置及生产情况；确定仪器下入深度、关井时间。

（2）根据历史资料的压力水平准备适当量程、精度、温度的压力计（压力计量程宜为测试井最高压力的 1.5 倍）及相应的工具、原始记录报表等。

（3）检查绞车的刹车及传动部件是否灵活；钢丝要求无锈蚀、死弯、砂眼，钢丝长度应大于仪器下入目的深度 100m 以上；测深记录仪齿轮咬合良好，无跳字、卡字现象。

（4）依据施工设计书设计关井时间，设置电子压力计的采样时间间隔。

（5）仪器下井前的操作。

① 根据井场地形、风向选择绞车停放位置，将绞车对准井口。

② 钢丝绕测深记录仪测量轮槽一周，转动压紧轮丝杆，用压紧轮将钢丝压入测量轮槽内。

③ 将压力计电池组连接装入电子压力计电源仓内，连接好加重杆。

④ 将试井钢丝从绞车拉出，穿过防喷管堵头和仪器绳帽，将试井钢丝从绳帽内拉出 1.5m，打好绳结。将打好的绳结装入仪器绳帽内，绳结应在绳帽内转动自如。

⑤ 将仪器装入防喷管，紧固防喷管堵头。

⑥ 断开抽油机电源，宜将抽油机驴头停在上死点。关闭测试阀，卸掉丝堵，安装井口短节，连接防喷管。

（6）仪器下井操作。

① 拉紧钢丝，打开测试阀，下放仪器，当仪器通过测试阀后，用测试阀的胶皮闸板夹住钢丝，打开防喷管放空阀进行放空，卸掉防喷管并置于支架。此时井口、防喷管、绞车应处于一条直线。

② 紧固井口堵头，安装测试滑轮，将钢丝放入滑轮槽内，打开测试阀，摇紧钢丝，仪器提至堵头处，测深记录仪计数器归零。

③ 启动抽油机电源使其正常生产。

④ 平稳操作绞车，缓慢下放仪器，下放速度应不超过100m/min，将仪器下到设计深度。下放仪器时应观察钢丝有无死弯，计数器有无跳字、卡字现象。

（7）测流压操作。

① 应按照测压施工设计书的深度和时间设计，将仪器下到设计深度测流压台阶，流压台阶时间不少于20min。

② 仪器下不到设计深度，若第一下入深度在动液面以下超过100m时，仪器在第一下入深度停测第一流压台阶，然后上提仪器100m，停测第二个流压台阶。若第一下入深度在动液面以下不超过100m，仪器在第一下入深度停测第一流压台阶，然后根据实际情况上提仪器，至动液面以下，停测第二个流压台阶。停测流压台阶时间不少20min。

（8）测静压操作。

① 测完流压后停机，宜将抽油机驴头停在上死点，迅速关闭生产阀、测试阀，上紧堵头密封填料压帽，井口无渗漏。

② 把滚筒搬到车下固定。

③ 在井口处挂牌示意关井测静压，并通知采油工关井时间。

④ 实际关井时间应不少于设计关井时间。

（9）上起仪器操作。

① 达到测压施工设计书设计的关井时间后，通知采油队启动抽油机，开始生产。

② 现场起仪器前，应去掉堵头上的棉纱杂物，防止钢丝跳槽。用绞车平稳地上起仪器，速度控制在100m/min之内。在过导锥前后20m深度段时，应手摇绞车。当仪器距

离井口 150m 时，应减速至 20m/min，当仪器距井口 20m 时，应手摇绞车将仪器起至井口，关闭抽油机，驴头停在上死点。

③ 关闭测试阀，用测试阀胶皮闸板将钢丝夹住，卸下井口堵头，安装防喷管，关上防喷管放空阀，打开测试阀，将仪器上提到防喷管内，关闭井口测试阀，打开防喷管放空阀，卸下防喷管、井口短节及滑轮，上好丝堵。

④ 启动抽油机，重新生产。

⑤ 从防喷管中取出仪器，卸掉绳帽，将试井钢丝收回绞车。

（10）测后工作。

① 将测试工具和仪器擦拭干净后放入试井车，固定存放，并将井场打扫干净。

② 通知采油队该井测试完毕。

③ 回放并保存压力计的测压（温度）原始数据、曲线。

④ 试井班长应对回放的测压（温度）原始数据、曲线及相关报表进行审核签字，一并上报至解释部门。

操作安全提示：

（1）注意停车位置，停在上风口。

（2）起下过程中，绞车与井口间禁止站人，防止钢丝弹起伤人。

（3）注意堵头应上紧，防止喷油气。

（4）拆卸、安装防喷管时应注意防止重物伤人。

（5）启停抽油机要戴绝缘手套，防止触电。

（6）抽油机附近禁止站人，防止平衡块伤人。

10. 电泵井坐阀流压、静压测试。

准备工作：

（1）正确穿戴劳动保护用品。

（2）工用具、材料准备：黄油 500g，棉纱 500g，机油 500g，250mm 活动扳手 1 把，19 号开口扳手 1 把，压力计 1 支，测压连接器 1 个，测压阀堵塞器 1 个，加重杆 1 根，防喷装置 1 套，密封圈若干。

操作程序：

（1）测试前准备。

① 认真阅读测压通知单和试井设计书，了解测试内容和技术要求。

② 根据设计书的测试项目和技术要求，了解测试井的试井条件。

③ 根据测试内容和设计书的技术要求，准备好上井测试的设备、仪器和各种工具。

（2）仪器下井前的操作。

① 根据井场地形、风向，选好测试车停放位置（车停在上风头处，一般距井场 20 ～ 30m 为宜），使绞车对准井口。

② 将钢丝绕量轮槽内一周，用压轮紧密地将钢丝压在量轮槽内。

③ 安装防喷管，要求不渗不漏。

④ 将试井钢丝从绞车拉出，穿过试井堵头和压力计绳帽孔眼，并拉出 1.5m 左右。

⑤ 打绳结，先将钢丝绕一个圆环，由圆环根部起，按下 4 圈、上 3 圈紧密排列缠绕，打完后剪掉多余的钢丝，将打好的绳结装入仪器绳帽内，要求绳结在仪器绳帽内转动自如。

⑥ 组装压力计，并在下井前接通电池。

⑦ 将组装好的压力计与测压连接器、绳帽连接。

⑧ 产液量较高、仪器下井速度过慢的井，可在绳帽和压力计之间连接加重杆。

⑨ 将组装好的仪器用专用工具重新紧固，准备下井。

（3）仪器下井操作。

① 将组装好的下井仪器装入防喷管；上紧测试堵头；装测试滑轮，调整滑轮方向，使其对准绞车方向。

② 紧好压帽，通知绞车操作人员摇紧钢丝，准备下井。

③ 打开测试阀；测深仪计数器归零，将仪器平稳下过井口。

④ 调整压帽使仪器顺利下井，以不漏油、水为宜；仪器下放速度不超过 100m/min。

⑤ 仪器下放过程中，要始终注意观察测深仪的工作情况及钢丝下放情况。

（4）测流压操作。

① 当仪器下至距测压阀以上 10m 处时，测压力台阶，停测时间不少于 5min。

② 以适当速度将压力计坐入测压阀，测流压台阶，停测时间不少于 5min。

③ 上起仪器至测压阀上 10m 处，仪器停止上起，测压力台阶，停测时间不少于 5min。

④ 重复以上操作，重复次数不少于 3 次。

（5）测静压操作。

① 当仪器下至测压阀以上 10m 处时，测压力台阶，停测时间不少于 5min。

② 以适当速度将压力计坐入测压阀，测流压台阶，停测时间不少于 20min。

③ 流压台阶测试完成后，仪器保持坐阀状态，停泵，关生产阀门，开始测试静压，上紧堵头压帽，检查井口各部位，严禁渗漏。

（6）上起仪器操作。

① 调整好压帽，松紧适宜。挂好绞车滚筒离合传动装置，慢慢松开刹车，启动绞车，排好钢丝逐步加速提升，上起速度不超过 100m/min。

② 上起仪器时始终观察转速表工作是否正常，当仪器起至距井口 150m 时应减速上起。

③ 仪器起至距井口 20m 时应停车，摘掉滚筒离合器，手摇绞车将仪器起至防喷管内。

④ 关闭测试阀至 2/3 处，平稳下放仪器试探闸板两次，听到仪器试探闸板的声音，确认仪器已起入防喷管内后，全部关闭测试阀。

⑤ 将仪器轻放在闸板上，平稳打开防喷管放空阀，当确认放空完毕后，卸掉堵头及滑轮。

⑥ 将仪器从防喷管中取出，卸掉压力计绳帽，拆卸压力计。

（7）测后工作。

① 静压测试后，通知采油工开井、启泵。

② 收拾工具，打扫井场，填写报表。

操作安全提示：

（1）注意停车位置，停在上风口。

（2）在登高操作时，注意高空落物伤害。

（3）注意堵头应上紧，防止喷油气。

（4）拆卸、安装防喷管时应注意防止重物伤人。

（5）起下仪器时，注意速度。

11.综合测试仪的测前检查。

准备工作：

（1）正确穿戴劳动保护用品。

（2）工用具、材料准备：综合测试仪专用工具1套，200mm活动扳手1把，100mm一字形、十字形螺丝刀各1把，500型万用表1块，综合测试仪1台，擦布若干。

操作程序：

（1）检查确认仪器主机及载荷位移传感器的电压正常，能满足测试要求。

（2）检查确认综合测试仪操作面板完好，各操作键灵活有效。

（3）检查确认传输电缆、信号电缆及插头齐全、完好。

（4）检查确认载荷位移传感器外观完好，部件齐全，螺栓紧固，无变形损坏。

（5）检查确认载荷位移传感器与主机通信状况良好，顶杆转动灵活可调整夹紧力。

（6）检查确认液面发声装置齐全完好，各接头螺纹良好。

（7）检查确认击发机构良好，检查测试微音器。

（8）连接好信号线，打开电源，模拟输入井号、测试日期、套压等数据。

（9）模拟动液面和示功图测试，检验仪器测试性能。

（10）关机后拔下信号电缆，收拾工具，恢复原貌。

操作安全提示：

（1）插接通信电缆时，要在关机下进行。

（2）检查螺纹时戴好手套，防止螺纹伤手。

（3）检查电源时，平稳操作，防止触电伤人。

12. 更换综合测试仪微音器。

准备工作：

（1）正确穿戴劳动保护用品。

（2）工用具、材料准备：专用扳手 1 把，75mm 十字形螺丝刀 1 把，250mm 活动扳手 1 把，综合测试仪 1 套，微音器 1 个，擦布若干。

操作程序：

（1）清除新微音器油污，检查新微音器外观、螺纹、插口、紧固螺栓。

（2）检查井口装置外观、型号、编号、底部螺纹，检查主机外观、按键、插口。

（3）用扳手卸下微音器护筒压盖、压帽，取出旧微音器。

（4）清除旧微音器油污，清洁微音器护筒内部，检查微音器护筒压盖螺纹。

（5）将新微音器装入护筒压盖，安装并紧固微音器压帽。

（6）将护筒压盖安装到微音器护筒内，紧固护筒压盖，紧固微音器护筒与井口装置连接部位。

（7）检查微音器连接线，连接井口装置和主机，打开主机电源、屏幕背景灯，检查主机电压。

（8）选择液面测试选项，按要求调整挡位，进入动液面测试界面，轻敲微音器并看图形判断微音器好坏。

（9）关闭主机屏幕背景灯、电源，断开连接线。

操作安全提示：

（1）微音器要轻拿轻放，防止微音器损坏。

（2）装卸微音器时，要注意防止螺纹损坏。

（3）在检查装卸时，平稳操作，注意防止重物掉落伤人。

13. 使用综合测试仪测试示功图。

准备工作：

（1）正确穿戴劳动保护用品。

（2）工用具、材料准备：450mm 管钳 1 把，试电笔 1 支，六棱扳手 1 套，加力杠 1 根，综合测试仪 1 台，载荷位移传感器 1 台，方卡子 2 套，擦布若干。

操作程序：

（1）用试电笔验电后，使抽油机驴头停在接近下死点上方 10 ～ 20cm 处，拉好刹车。

（2）打好方卡子，卸载后，把载荷位移传感器安装到光杆合适位置处，调整合适夹紧力。

（3）松刹车使传感器平稳受力，拉好刹车，卸掉方卡子，打开传感器开关和主机开关，确认通信正常。

（4）松刹车启抽，待抽油机运转 5 ～ 10min 后，开始测试示功图。

（5）输入井号、日期，按功图键进行示功图测试。

（6）测试完毕后，停抽油机，刹好刹车，关闭传感器开关。

（7）安装方卡子，卸载后取下载荷位移传感器，松刹车，加载后刹好车。

（8）卸下方卡子，启动抽油机，听抽油机无异响后方可离开。

操作安全提示：

（1）启停抽油机前一定要用试电笔验电，防止发生触电事故。

（2）按启动开关时，眼睛不准看开关，以防有弧光伤害眼睛。

（3）测试过程中，严禁面对驴头及悬绳器操作，以防仪器飞出伤人。

（4）卸装方卡子时，手不准抓光杆，以防方卡子掉落伤人。

14. 典型示功图分析。

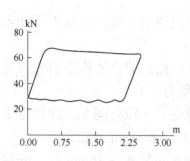

图形分析：示功图与理论示功图差异不大，说明泵的沉没度大、供液充足、游动阀和固定阀能够及时开闭；泵效高，能够迅速加载和卸载；除了轻微振动引起一些微小波纹外，其他因素的影响不明显。

产生原因：正常示功图。

管理措施：井供液充足，沉没度大，仍有生产潜力可挖，可以将机抽参数调整到最大，以求得最大产量，发挥井筒应有的产能水平。

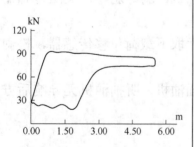

图形分析：示功图卸载部分呈刀把状。由于深井泵的工作制度不合理，油层供液能力低，上冲程时井液不能完全将工作筒充满，因而下冲程开始时，并不能及时卸载，只有当活塞撞击液面时才能卸载。

产生原因：供液不足。

管理措施：间抽；调小参数；换小泵；加深泵挂；加强连通注水井的注入量。

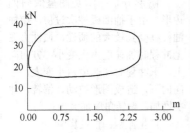

图形分析：示功图图形肥大，四角呈圆形。因为油稠，摩擦等附加阻力变大，造成上负荷线偏高，下负荷线偏低。

产生原因：稠油影响。

管理措施：替入热液；调参数；掺水降黏；掺轻油；加化学药剂降黏降稠；制订合理热洗周期；增大热洗温度。

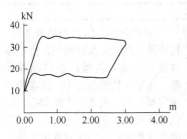

图形分析：示功图左下角产生"撞击"尾巴。由于防冲距过小，下冲程活塞撞击固定阀产生撞击，振动负荷呈波状不规则变化。

产生原因：下碰。

管理措施：调防冲距。

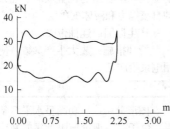

图形分析：图形在右上方有凸起。因抽油杆长度不合适，使光杆下第一个接箍进入采油树，在井口刮碰。

产生原因：上碰。

管理措施：调防冲距；加长光杆；更换第一根抽油杆。

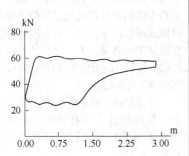

图形分析：示功图在卸载线上产生向里凹的弯曲弧线。由于油井含有大量游离气，上冲程时部分气体进入泵筒，并占据泵筒部分空间，下冲程时，活塞首先压缩气体，使卸载过程变缓、变慢。

产生原因：气影响。

管理措施：井口安装定压放气阀；不影响含水的前提下加强出气层的注入量；加深泵挂；井下安装气锚。

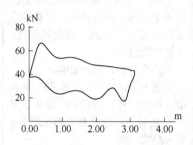

图形分析：示功图呈倾斜四边形。由于抽油机冲次过快，使抽油杆柱受到较大的惯性，惯性力在上冲程时加速度由大变小，方向向上，下冲程时加速度由小变大，方向向下，造成图形波动、偏转，冲次增加，偏转角度加大。

产生原因：惯性影响。

管理措施：调平衡；减少冲次。

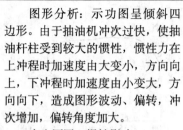
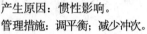

图形分析：示功图呈窄条形，位于最大理论负荷线附近。由于油井能量较高，转抽后造成油井抽喷，在整个抽汲过程中，游动阀和固定阀都处于关闭不严的状态，液柱载荷几乎不能加到悬点上，载荷的变化和示功图的位置取决于油井的自喷能力和液体的黏度。

产生原因：连抽带喷。

管理措施：放大生产参数；使用电泵生产。

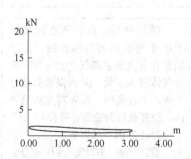

图形分析：示功图呈水平窄条形，位于最小理论值附近靠向基线位置。抽油杆由于弹性疲劳，深井泵遇卡使抽油杆杆柱超过拉伸屈服极限而断裂，悬点负荷只有抽油杆在液体中的重量，上下冲程为不能加载、卸载。断脱位置越接近井口，图形越接近基线。

产生原因：抽油杆断脱。

管理措施：打捞光杆（近井口处采油队打捞，远井口处作业打捞）。

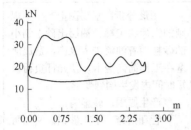

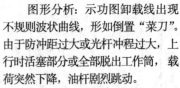

图形分析：示功图卸载线出现不规则波状曲线，形如倒置"菜刀"。由于防冲距过大或光杆冲程过大，上行时活塞部分或全部脱出工作筒，载荷突然下降，油杆剧烈跳动。

产生原因：活塞脱出工作筒。

管理措施：检泵；调防冲距。

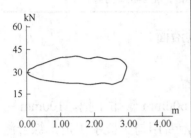

图形分析：示功图左上部缺失，增载线呈左下尖、右上圆的圆弧形状。游动阀磨损、阀上有蜡等脏物、衬套和泵间隙过大等原因造成漏失引起加载变缓。漏失量越大，增载线倾角越小。

产生原因：游动阀漏失或排出部分漏失。

管理措施：碰泵；热洗；检泵。

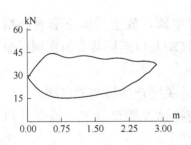

图形分析：示功图右下部缺失，卸载线呈右上尖、左下圆的圆弧状。增载线明显，卸载线圆滑。因为固定阀座配合不严，阀罩内落入脏物或结蜡而卡住阀球等原因造成漏失，导致增载提前，卸载变缓。

产生原因：固定阀漏失或吸入部分漏失。

管理措施：碰泵；热洗；检泵。

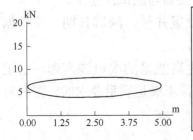

图形分析：示功图呈椭圆形。砂蜡和磨损等复杂原因造成双阀同时漏失，延缓了增载、卸载过程，致使增载卸载部分缺失。

产生原因：双阀漏失。

管理措施：碰泵；热洗；检泵。

131

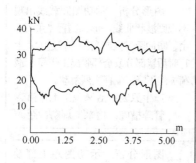

图形分析：示功图上产生不规则的锯齿状尖峰。油层出砂，细小的砂粒随着油流进入泵内，造成活塞在工作筒内遇卡，使光杆负荷在短时间内发生剧烈变形。

产生原因：砂影响。

管理措施：下入砂锚；使用防砂抽油泵；作业除砂；人工井壁防砂；化学胶结防砂。

15. 使用综合测试仪测试动液面。

准备工作：

（1）正确穿戴劳动保护用品。

（2）工用具、材料准备：600mm 管钳 1 把，100mm 一字形螺丝刀 1 把，试电笔 1 支，专用勾头扳手 1 把，综合测试仪 1 台，井口连接器 1 套，信号电缆 1 根。

操作程序：

（1）关闭套管阀，打开放空阀，放空后卸下套管阀堵头，把管线内死油冲净后，将气动井口连接器安装在测试短节上。

（2）井口连接器安装好后，关闭连接器的放空阀。

（3）缓慢打开套管阀，使枪体充满套管气，确保井口连接器密闭后再打开套管阀。

（4）用信号电缆将井口连接器与测试仪连接。

（5）打开测试仪电源，设置井号、测试日期，可根据套压值大小设置适当的增益值。

（6）迅速拍击击发杆产生高能量的次声波声源，在记录仪上，对反射波形进行确认，不满足质量要求时，需要对增益值进行适当调整。

（7）直到测出符合质量要求的液面曲线后，关闭套管阀，打开放空阀，放掉井口连接器中剩余的套管气，拆除连接信号电缆。

（8）卸下井口连接器，安装好套管堵头。

操作安全提示：

（1）连接部位漏气严重，易发生中毒及火灾事故。

（2）操作人员不准正对着井口连接器的放气阀出气口、套管阀中轴方向及套管口方向，以防伤人。

（3）对螺杆泵采油井，操作人员不应站在驱动飞轮的一侧。

（4）操作人员不准正对着井口连接器，以防飞出伤人。

（5）开关阀门时，要侧身、半圈操作。

16.液面资料分析及计算。

（1）液面资料分析。

① 图形分析：测试液面时有干扰波，无法分辨出液面波位置。

产生原因：仪器本身问题；井筒不干净。

处理方法：重新标定回声仪；热洗井，稳定后重测。

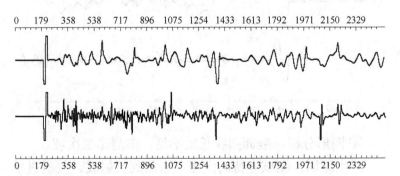

② 图形分析：测试液面操作时有自激现象出现。

产生原因：井口振动或有漏气现象；灵敏度调节不当；仪器性能不稳定等。

处理方法：调整、紧固，消除振动和漏气现象；调整灵敏度；检修，标定回音仪。

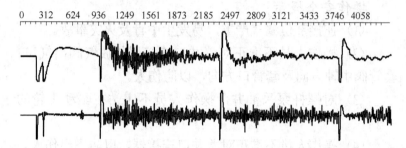

③图形分析：井口波严重脱挡。

产生原因：灵敏度挡位调节过大；套管阀门没开到位。

处理方法：降低灵敏度挡位重测；重新打开套管阀门。

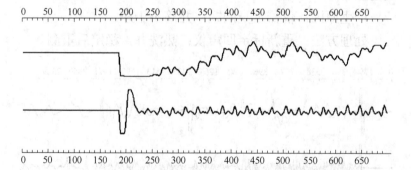

④图形分析：液面曲线长度不足，未测出二次波。

产生原因：测试等待时间短，未测到反射波，关机过早造成。

处理方法：延长测试时间，等待足够时间，待二次波出现后再关机。

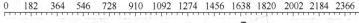
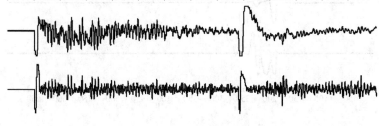

⑤图形分析：液面曲线上未测出液面波。

产生原因：灵敏度挡位调节过低。

处理方法：调大灵敏度重新测试。

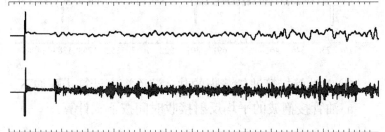

⑥图形分析：液面曲线只有井口波，其余部分均为直线。

产生原因：套压太低（小于0.2MPa）或无套管气；没有传送介质，声音无法在井筒内传播。

处理方法：在井口连接器后接头安装氮气瓶或待套压升

高后再测；关闭油套连通阀憋高套压，重新进行测试。

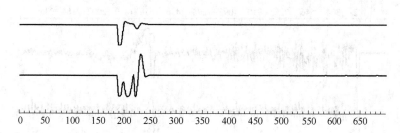

（2）液面资料计算。

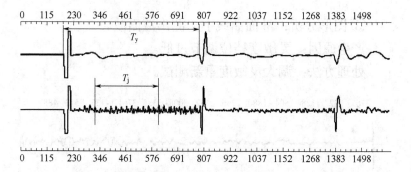

① 对油管接箍波较清晰的井，液面深度计算步骤如下。

a. 油管接箍波的平均反射接收时间按下式计算：

$$t = T_j / n$$

式中　t——油管接箍波平均反射接收时间，s；

　　　T_j——油管接箍波曲线上选择的油管接箍波较清晰一段曲线的长度，通常取大于5个接箍波长度，s；

　　　n——在油管接箍波曲线上选用的一段曲线内接箍波的个数，个。

b. 液面以上油管根数的估算按下式计算：

$$N=T_y/t$$

式中　N ——液面以上油管根数（通常取 10 的整数倍），根；

T_y ——液面曲线上井口波至液面波的长度，s。

c. 音速按下式计算：

$$v = \frac{2\Sigma h}{N \cdot t}$$

式中　v ——声音在油套环空中的传播速度，m/s；

Σh ——施工总结记录上 N 根油管总长度，m。

d. 液面深度计算按下式计算：

$$H = \frac{vT_y}{2}$$

式中　H ——测试井的液面深度，m。

② 对液面深度小于 50m 且接箍波不明显的井，可用该井所在地区平均音速或套压与音速的关系曲线计算出测试井的音速，按下式计算液面深度：

$$H = \frac{\bar{v}\,T_y}{2}$$

式中　$\bar{v}$ ——测试井区域内的平均声速或根据套压－音速关系曲线计算出的本井的音速，m/s。

17. 拆装保养气动井口连接器。

准备工作：

（1）正确穿戴劳动保护用品。

（2）工用具、材料准备：300mm 活动扳手 1 把，150mm 一字形螺丝刀 1 把，套筒扳手 1 套，气动井口连接器 1 套，黄油 500g，擦布若干。

操作程序：

（1）用擦布清除井口连接器表面的油污，检查确认放气阀灵活好用。

（2）卸井口连接器的连接头，检查螺纹是否有损坏。

（3）把气仓内气体放净后，卸气仓护罩，卸气仓内放压机构，把各部件擦洗干净，紧固螺钉，检查电缆线外观。

（4）卸下微音器室，取出微音器，紧固螺钉，清洁微音器压帽及微音器，检查通信线插头和插孔。

（5）卸下压力传感器护罩，清洁压力传感器，紧固螺钉，检查电缆线。

（6）清洁各螺纹处并涂上适量黄油。

（7）按相反顺序组装井口连接器。

操作安全提示：

（1）卸井口连接器时要注意安全，防止弹簧件弹出伤人。

（2）卸气仓时把气放净，放空口朝下，防止伤人。

（3）使用专用工具时要平稳操作，防止工具脱出伤人。

18. 使用液面自动监测仪测液面恢复。

准备工作：

（1）正确穿戴劳动保护用品。

（2）工用具、材料准备：液面自动监测仪1套，250mm活动扳手1把，100mm十字形螺丝刀1把，专用勾头扳手1把，擦布若干。

操作程序：

（1）检查井口连接器和主机，确保仪器可以正常使用。

（2）将井口连接器连接在采油树套管阀处，关闭放气阀，打开套管阀。

（3）用通信线连接井口连接器和液面自动监测仪主机，确认连接可靠。

（4）打开仪器主机和井口连接器电源开关。

（5）检查电池电压（以使用仪器为准），保证电量充足。

（6）输入井号、音速、测试日期。

（7）进入"液面测试"，选择合适的"液面波、接箍波"挡位进行液面测试。

（8）根据测试曲线选择液面波位置，计算液面波深度。

（9）停止抽油机，关闭另一侧生产阀和套管阀。

（10）进入"自动监测"，确认后进行自动监测。关闭主机电源，拔下通信线。

（11）测试完毕后，用通信线连接主机与井口连接器。

（12）打开主机电源，停止自动监测，回放测试数据。

（13）关闭主机和井口连接器电源，拔下通信线。

（14）关闭套管阀，打开井口连接器放气阀泄压，卸下井口连接器。

（15）清洁现场，恢复采油树井口流程，启动抽油机。

操作安全提示：

（1）卸井口连接器时要注意安全，防止压力伤人。

（2）井口连接器排气时要注意安全。

（3）开关阀门时要侧身、半圈操作。

19. 压力表的检查及安装操作。

准备工作：

（1）正确穿戴劳动保护用品。

（2）工用具、材料准备：250mm、300mm 活动扳手各1把，通针1根，钢锯条1根，钢丝钩1根，各个量程压力表各1块，生料带1卷，棉纱 500g。

操作程序：

（1）根据使用条件选择量程合适的压力表。

（2）检查确认压力表的检验日期、合格证、铅封正常完好。

（3）检查确认压力表各螺钉紧固，螺纹完好，传压孔无堵塞。

（4）轻敲压力表，指针归零位，摆动正常。

（5）关闭压力表控制阀，用扳手卸松，取下压力表。

（6）清理阀门内脏物，用通针疏通上下孔。

（7）将所选择压力表顺时针缠生料带，安装压力表，并将压力表位置摆正。

（8）缓慢打开控制阀进行试压，检查渗漏。

（9）确认无渗漏后，开大控制阀，观察、读取压力值。

操作安全提示：

（1）安装前认真检查压力表螺纹，并使用压力表接头。

（2）开关压力表控阀时要侧身、缓慢操作。

（3）安装前要确保压力表接头及压力表的传压孔畅通无堵塞。

（4）拆卸、安装压力表时禁止用手扳动表头。

20. 测试时开、关注水井操作。

准备工作：

（1）正确穿戴劳动保护用品。

（2）工用具、材料准备：600mm 管钳 1 把，F 形扳手 1 把，瞬时流量仪或秒表 1 块，记录笔 1 支，记录纸若干。

操作程序：

（1）检查生产阀、总阀、测试阀、套管阀、放空阀灵活好用。

（2）先关生产阀，再关总阀，打开测试阀，打开放空阀泄压。

（3）卸开堵头，安装防喷装置。

（4）安装完成后，先关测试阀，再关放空阀，缓慢打开总阀，再打开生产阀，控制好注水量，待注水压力稳定后开始测试。

（5）测试完毕后，先关生产阀，再关总阀，开放空阀泄压。

（6）卸下防喷装置，上堵头，关测试阀，关放空阀，缓慢打开总阀，开生产阀。

（7）按配注要求，控制好注水量。

（8）收拾工具，清理现场。

操作安全提示：

（1）开关阀门时，要侧身操作、缓慢打开。

（2）F形扳手开口朝外，咬住阀门手轮，扳动扳手手柄。

（3）冬季关井要防止管线冻结。

21. 注水井分层测配前的准备。

准备工作：

（1）正确穿戴劳动保护用品。

（2）工用具、材料准备：450mm、600mm 管钳各 1 把，300mm 活动扳手 1 把，测试绞车 1 台，井下流量计 1 支，防喷装置 1 套，压力表 1 块，提挂式投捞器 1 支，打捞头 1 个，压送头 1 个，水嘴若干，堵塞器若干，各种密封胶圈若干，润滑油若干。

操作程序：

（1）测试通知单的准备。

通知单应有管柱结构、层段深度、各层的配注量、层段性质、水嘴大小、注水压力、层段号、井下工具型号、测试班组及上次测试日期等数据。

（2）测试井的准备。

① 测试前应提前洗井，清除井内的脏物，待注水压力稳定后才能测试。

② 测试井的各个阀门应灵活好用，水表、压力表应达到测试要求。

③ 了解测试井的层段配注要求及正常注水压力和水量。

（3）测试绞车的准备。

① 检查测试绞车工作是否正常；绞车各个部位的固定螺栓是否牢固；刹车、摇把、离合器是否灵活好用。

② 检查液压油的液位高度是否符合要求，液压油质量是否合格。

③ 检查钢丝和电缆是否有砂眼、死弯，长度是否满足测试要求。

④ 检查传动系统工作是否正常，管线是否完好，有无漏油现象。

⑤ 检查计数器、指重装置是否工作正常。

⑥ 检查确认计量轮完好，尺寸合格，量轮槽内无泥沙、油污，轮边无毛边、缺口，否则应及时更换。

⑦ 检查确认传动软轴与计量轮和计数器连接完好，转动自如。

⑧ 检查确认排丝装置工作正常，绞车控制面板各仪表、开关及操控手柄灵活好用。

（4）防喷装置的准备。

① 检查确认防喷管的螺纹完好，脚踏、安全带固定装

置焊接牢固。

② 测试堵头密封填料完好，确认堵头螺纹完好无损伤。

③ 检查确认滑轮转动灵活，无摆动、跳现象。

④ 将操作平台安装牢固。

⑤ 准备地滑轮和加固防喷管的钢丝绷绳。

（5）测试仪器及工具的准备。

① 选择校验合格、量程合适的井下流量计。

② 根据测试要求准备好测试投捞器及打捞头、压送头、偏心堵塞器、水嘴等工具。

操作安全提示：

（1）测试井各个阀门必须灵活好用；压力表及水表必须完好、准确。

（2）电缆、钢丝必须完好无损。

（3）排丝装置运转一定要正常，否则会造成钢丝排列不紧密而发生钢丝、电缆打扭或死弯，使钢丝、电缆不能使用。

（4）测试防喷管螺纹及各个焊接部位必须完好。

（5）操作平台安放一定要牢固，否则会给操作人员带来安全隐患。

（6）地滑轮和绷绳必须准备，防止防喷管因受力过大造成安全事故。

22. 安装保养钢丝测试防喷装置。

准备工作：

（1）正确穿戴劳动保护用品。

（2）工用具、材料准备：900mm 管钳 1 把，200mm 扳手 2 把，套筒扳手 1 套，150mm 一字形螺丝刀 1 把，钢丝测试井口防喷装置 1 套，滑轮 1 个，擦布若干，黄油若干。

操作程序：

（1）根据不同的测试项目及井口状况，选择不同类型的井口防喷装置。

（2）检查滑轮外观有无变形，焊接部位有无开焊，滑轮的轮边是否有缺口。滑轮应转动正常，无摆动现象。

（3）检查所使用的防喷管是否变形、弯曲，螺纹是否有磨损、错扣的现象。

（4）检查防喷管的放空阀开关是否灵活好用。

（5）检查防喷管操作平台、脚踏、安全带固定装置是否有开焊现象。

（6）检查测试堵头螺纹是否正常，并更换堵头内的密封填料。

（7）检查卡箍片、卡箍头、胶圈、螺栓的外观是否完好，螺纹有无损伤。

（8）连接井口防喷装置，用卡箍将防喷管安装在测试阀的上端。

（9）将井口滑轮套在防喷管接箍上，平台安装牢固。

操作安全提示：

（1）操作时防止滑轮转动夹伤手指。

（2）上下防喷管系好安全带，并做好监护工作。

（3）安装防喷管时，操作人员要配合好，防止防喷管倾倒伤人。

23. 拆装保养测试井口滑轮。

准备工作：

（1）正确穿戴劳动保护用品。

（2）工用具、材料准备：250mm 活动扳手 2 把，冲子1 个，手锤 1 把，黄油若干，棉纱若干。

操作程序：

（1）用活动扳手卸下滑轮轴螺母，取下垫片，用冲子和手锤取下滑轮轴，取下限位垫圈。

（2）用擦布擦拭井口滑轮、支架、底座。

（3）检查滑轮轮槽（边缘无缺口、轮槽无磨损），确认滑轮支架、底座焊点完好。

（4）检查确认轴承、滑轮轴螺纹、滑轮轴螺母螺纹完好。

（5）将轴承、滑轮槽、滑轮轴螺纹、滑轮轴螺母涂黄油。

（6）安装限位垫圈，用冲子和手锤装入滑轮轴，安装垫片和螺母并紧固，检查滑轮转动情况。

操作安全提示：

（1）用冲子和手锤时要防止被砸伤。

（2）拆卸、安装滑轮时注意防止滑轮掉落伤人。

24. 免攀爬防喷装置的测试前检查。

准备工作：

（1）正确穿戴劳动保护用品。

（2）工用具、材料准备：300mm 活动扳手 2 把，钢丝刷 1 把，O 形密封圈若干，棉纱适量。

操作程序：

（1）检查确认液压管、封井复合管、溢流管、放空管应完好，无破损。

（2）检查确认各部位快速接头、接口应无泥沙、油污，阀芯表面清洁，护帽应完好。

（3）检查确认三级溢流控制密封填料应齐全，无破损。

（4）检查确认各部位液压油应无渗漏，密封胶圈完好无破损。

（5）检查确认液压泵油位达到油尺刻度上限值，液压控制阀开关灵活。

（6）检查确认蓄电池中电压指示表的指针在绿色区域，电压值高于 8V。

（7）检查确认手压泵支臂完好，开关旋钮灵活。

（8）检查确认防喷管、液压折叠支座外观完好，同压阀门开关灵活，螺纹清洁，焊接部位牢固。

（9）检查确认绷绳链连接牢固，调整装置灵活好用；固定杠主体焊接牢固，紧固螺杆灵活好用。

（10）测试天滑轮、地滑轮转动灵活，轮槽应无泥沙油污，轮边无破损，防跳槽插销完好，螺栓紧固。

操作安全提示：

（1）管路接头处应清洁完好，安装到位，防止高压弹出伤人。

（2）密封填料应完好无破损，防止油液渗漏。

（3）蓄电池电压应充足，保证装置起升正常。

（4）检查过程中平稳操作，防止重物倾倒、掉落出现砸伤人情况。

25. 存储式超声波井下流量计使用前检查。

准备工作：

（1）正确穿戴劳动保护用品。

（2）工用具、材料准备：450mm 管钳 1 把，300mm 活动扳手 2 把，200mm 一字形螺丝刀 1 把，数字万用表 1 块，存储式井下流量计 1 支，擦布若干，润滑油若干。

操作程序：

（1）检查电子流量计是否在检定周期内，选择合适量程的井下流量计。

（2）检查电子流量计的外观是否完好，是否有弯曲的现象，如有以上现象应及时更换。

（3）检查电子流量计外部的螺钉是否有松动，如有松动应将螺钉上紧才能使用。

（4）检查电子流量计螺纹是否完好，如有磨损和错扣应及时更换。

（5）检查电子流量计各个连接部位是否有松动，如有松动应紧固。

（6）检查并擦拭电子流量计的上下探头及传压孔，保证上下探头清洁，传压孔畅通。

（7）检查通信电缆外观是否完好，与回放设备通信是否正常，如通信不正常应及时维修或更换。

（8）检查并测量电池电压能否满足测试要求，电压过低应及时充电。

（9）检查流量计回放仪电压是否正常，回放仪上灯为绿色为电压正常，红色为欠压，应给回放仪充电。

（10）检查加重杆是否弯曲，螺纹是否完好，上下扶正器是否完好、尺寸合适、弹片弹性适中。

（11）检查绳帽螺纹及绳结是否完好，否则应及时更换绳帽和重新打绳结。

（12）将绳帽、电池、上下扶正器、流量计、加重杆连接起来，紧固后准备下井。

操作安全提示：

（1）上卸仪器时，必须用专用扳手，禁止用管钳上卸。

（2）操作时要轻拿轻放，禁止猛顿、猛放。

（3）一定要保证数据线正确插接后放入电池，确认安装到位后再上电池压帽。

（4）插接数据线时，要在关机状态下进行。

（5）各个螺纹部位及螺钉一定要紧固牢靠，防止造成仪器脱扣和井下事故。

26. 更换存储式超声波流量计扶正器电池。

准备工作：

（1）正确穿戴劳动保护用品。

（2）工用具、材料准备：数字万用表1块，36mm开口扳手1把，14mm开口扳手1把，200mm一字形螺丝刀1把，150mm十字形螺丝刀1把，黄油若干，棉纱若干，流量计上扶正器1支，电池2个。

操作程序：

（1）用擦布擦拭扶正器外观，检查扶正器外观、弹片弹性、底部螺纹、电池固定压盖。

（2）清洁扶正器底部螺纹、电池固定压盖表面、扶正器内部电池正极螺母。

（3）使用电子式万用表测量扶正器内部电池电压。

（4）卸下电池固定压盖，取出扶正器内部电池。

（5）清洁扶正器内筒，检查电池固定压盖螺纹。

（6）给扶正器底部螺纹、电池固定压盖螺纹处涂抹黄油。

（7）清洁并检查新电池外观，紧固电池正极螺母、负极底堵、底堵固定螺钉、弹簧顶丝压盖。

（8）使用电子式万用表测量新电池电压。

（9）将新电池装入扶正器内筒，安装电池固定压盖并紧固。

操作安全提示：

（1）拆卸电池时要防止短路损坏电池。

（2）拆卸、安装时要注意防止工具掉落伤人。

（3）操作扶正器弹片时要注意防止割手。

27. 拆装存储式超声波流量计扶正器。

准备工作：

（1）正确穿戴劳动保护用品。

（2）工用具、材料准备：300mm 管钳 1 把，30mm 开口扳手 1 把，34mm 开口扳手 1 把，36mm 开口扳手 1 把，密封圈若干，棉纱若干，流量计下扶正器 1 支。

操作程序：

（1）用擦布擦拭扶正器外观，检查扶正器外观、上接头螺纹、扶正器弹片弹性。

（2）卸开扶正器弹片上下固定片、压盖，取下扶正器弹片。

（3）卸下上接头、弹片上固定片和压盖。

（4）卸下下接头、底堵、弹片下固定片和压盖。

（5）检查扶正器主体、弹片上下固定片、压盖，检查上下接头、底堵螺纹。

（6）安装弹片下固定片和压盖、底堵、下接头。

（7）安装弹片上固定片和压盖、上接头，紧固上下接头、底堵。

（8）安装扶正器片，上紧弹片上下固定片、压盖。

操作安全提示：

（1）拆卸扶正器弹片时要注意防止割手。

（2）拆卸、安装时要注意防止工具掉落伤人。

28. 存储式（非集流）井下流量计测试注入井分层注入量的操作。

准备工作：

（1）正确穿戴劳动保护用品。

（2）工用具、材料准备：450mm、600mm、900mm管钳各1把，300mm活动扳手2把，秒表1块，测试滑轮1个，注入井测试防喷装置1套，超声波（电磁）井下流量计1支，地面回放仪1台，加重杆1支，擦布若干，黄油1管。

操作程序：

了解测试井井下管柱结构、各层配水量、水嘴规格、全井注入量及配注压力。

（1）仪器的检查：根据注入量选择合适量程的超声波（电磁）井下流量计。

① 检查仪器外观有无损坏，螺纹是否完好，各连接部位是否紧固；检查并清洁仪器探头。

② 检查电池电量是否正常，上扶正器是否正常。

③ 检查加重杆螺纹是否完好，下扶正器是否正常。

（2）记录井口油压及注入量。

（3）根据风向选择好车辆摆放位置，安装防喷管和滑轮支架，从绞车上拉出钢丝，穿过防喷管堵头、绳帽，打绳结。

（4）控制好油压及注入量，使注入压力达到配注的要求。

（5）在地面设置超声波（电磁）井下流量计的工作参数。

（6）将上扶正器、电池、超声波（电磁）井下电子流量计、加重杆与下扶正器顺序连接并紧固，准备下井。

（7）将仪器装入防喷管内，上好堵头，将钢丝扶入滑轮槽内，滑轮对准绞车，关放空阀。

（8）摇紧钢丝，转速表归零，缓慢打开测试阀，下放流量计；下仪器速度不大于 150m/min。

（9）流量计下放到最下级工作筒以下 3～5m，启动绞车将仪器提到工作筒以上 3～5m，停测 3～5min。

（10）上提流量计至上一级工作筒以上 3～5m，停测 3～5min。以此类推，测完所有层段。

（11）上起仪器速度不大于 150m/min，离井口 150m 时减缓速度，离井口 20m 停车手摇，确认仪器进入防喷管后，关闭测试阀至 2/3 处，平稳下放仪器试探闸板两次，听到仪器试探闸板的声音，确认仪器已起入防喷管内后，全部关闭测试阀，放空，卸堵头，取出仪器。

（12）卸下电池，用通信线把仪器与回放仪连接好，打开回放仪的电源开关，点击数据回放键进入回放程序，确定各层的视流量及压力，然后点击打印（保存）测试卡片。

（13）整理测试资料，准备上报。

操作安全提示：

（1）施工前要制订安全措施及事故处理应急预案，准备好安全警示标识。

（2）开关阀门一定要侧身、半圈操作，防止丝杆飞出伤人。

（3）测试阀关闭后，未放空或放空不通不能卸堵头。

（4）传递仪器时要注意做好配合，并要有呼应。

（5）高处作业时，操作人员应穿戴好安全防护用具，并有专人监护。

（6）安装防喷管时，操作人员要配合好，防止防喷管倾倒伤人。

（7）大雾、大雨、大雪及 6 级以上大风或夜间，不能进行测试。

29. 制作连接电缆头。

准备工作：

（1）正确穿戴劳动保护用品。

（2）工用具、材料准备：450mm 管钳 1 把，300mm 扳手 2 把，200mm 手钳 1 把，数字万用表 1 块，剥线钳 1 把，电缆绞车 1 台，井下测调仪 1 套，电缆头 1 个。

操作程序：

（1）将车厢内电源断开，将电缆从绞车上拉出 5～10m。

（2）用锉刀将电缆在距离电缆头 10cm 左右位置，锉出一道 0.2mm 深痕，将电缆外壳掰断，然后用剪刀将电缆的内芯剪断。

（3）将电缆头上的防退螺钉卸掉，将防退弹簧挡圈从槽内起出后卸掉。

（4）用一个扳手固定住电缆头的上半部分，另一个扳手固定住电缆头的下半部分，然后另一只手沿着顺时针方向拧电缆头的中间密封腔管部分，直至将电缆头的上下部分卸掉。

（5）用扳手卸掉电缆头上半部分的压紧螺母，取出电缆卡子、垫片、弹簧。

（6）将电缆依次穿过测试防喷堵头、电缆头、弹簧、垫片、电缆卡子，用压紧螺母压紧。

（7）用锉刀在距离压紧螺母 1cm 处锉 0.2mm 深的痕迹，将电缆的外壳掰断，去除编织层。

（8）用防水胶带将电缆外壳和电缆内芯缠紧，防止电缆进水。

（9）电缆芯留有合适的长度，然后用剪刀将多余的电缆芯剪断，用剥线钳将电缆芯外皮剥掉。

（10）将电缆内芯穿过电缆头的中间密封腔管部分，把上下电缆芯连接起来，再将连接部位用防水胶带缠紧。

（11）固定住电缆头的上部和下部，逆时针旋转电缆头的连接部分，连接紧固后将弹簧挡圈放入挡圈槽内固定好，然后用十字形螺丝刀将电缆头下部的固定螺钉上紧。

（12）断开电缆与控制箱连接后，用兆欧表测量电缆绝缘，阻抗大于 100MΩ 时说明绝缘正常。

（13）连接控制箱及笔记本电脑，将电缆头与测调仪用导线连接，然后打开电源，使仪器进入测试状态，分别测量仪器的工作电压和工作电流，与控制箱显示一致为正常。

操作安全提示：

（1）电缆应从绞车上拉出足够的长度，电缆越短弹性越大，应注意电缆弹力伤人。

（2）用锉刀锉电缆时，易发生伤人事故。

（3）打磨电缆毛刺时，一定要把住电缆，防止电缆把不住弹开伤人。

（4）测量电压、电流要注意防止短路事故的发生，使用兆欧表测量完阻抗，必须进行放电。

30. 检查电缆的通断和绝缘。

准备工作：

（1）正确穿戴劳动保护用品。

（2）工用具、材料准备：剥线钳 1 把，斜口钳 1 把，一字形螺丝刀 1 把，清洁剂 1 瓶，500 型万用表 1 块，兆欧

表 1 块，棉纱适量。

操作程序：

（1）清洁万用表表笔。

（2）进行万用表机械调零和欧姆调零。

（3）剥开电缆引线外皮。

（4）用清洁剂清洁引线和外铠钢丝。

（5）选择合适的挡位，将万用表一支表笔接电缆其中的一根引线，另一支表笔接触电缆引线另一端，缓缓触点确定其通断。依次进行电缆 3 根缆芯通断检查。

（6）对兆欧表进行开路试验和短路试验，检查兆欧表性能好坏。

（7）将兆欧表引线分别接在电缆一根引线和电缆外铠上，匀速摇动兆欧表，依次对电缆 3 根缆芯进行测量，读值大于 200MΩ 则证明绝缘良好。

（8）收拾工具清理现场。

操作安全提示：

（1）兆欧表和万用表使用过程中要平稳放置。

（2）读数时眼睛要直视表盘。

（3）匀速摇动兆欧表，摇速为 120r/min。

（4）兆欧表未停止转动前，不能接触兆欧表接线柱。

31. 注水井（集流式）测调联动仪测试分层注水量。

准备工作：

（1）正确穿戴劳动保护用品。

（2）工用具、材料准备：450mm、600mm、900mm 管钳各 1 把，仪器专用扳手 2 把，秒表 1 块，电缆测试滑轮 1 套，地滑轮 1 套，测试防喷装置 1 套，双滚筒联动试井车 1 台，井下测调仪 1 套，擦布若干。

操作程序：

操作前必须了解井下管柱结构、配注水量和注水状况。

（1）检查确认绞车、电缆、计深装置及张力指示装置完整、齐全，能满足测试要求。

（2）检查确认仪器和电缆头各部螺纹完好，各螺钉紧固，仪器导向机构正常。

（3）记录井口油压及注入量，关闭测试阀，安装防喷管及电缆测试滑轮支架。

（4）控制好注入量，将电缆头、井下测调仪、加重杆连接并紧固。

（5）在地面检查仪器的各项功能是否正常，收拢导向装置，再由计算机发出命令收回调节臂，准备下井。

（6）将仪器装入防喷管内，上堵头，关放空阀，将电缆放入滑轮槽内，使滑轮对准绞车。

（7）摇紧电缆，计数器归零，打开测试阀，下放测调仪，下放速度不大于80m/min，仪器经过封隔器及层段时，减速至30m/min。

（8）测调仪下放到最下级工作筒以下3～5m，将仪器上提到工作筒以上5～10m，弹开调节臂，以30～50m/min的速度坐入工作筒，井下仪调节臂与可调堵塞器对接。

（9）对接正常后，开始测检配卡片，在压力和流量稳定后，采集数据5min；测量出此层流量、压力数据，记录数据并保存曲线。

（10）上提测调仪坐入上一级层段，进行数据采集，以此类推，测完所有层段；测量结束后，上提仪器到油管中，收起调节臂，将检配数据保存。

（11）用检配结果和配注方案进行对比后，将仪器下到需要调试层段的配水器上方 5 ～ 10m 处，打开调节臂，坐入工作筒，地面控制调节该层流量直至符合要求，调试完成后，将仪器上提至上一个需要调试的层，以此类推，直至所有需要调试的层都达到要求为止。等待压力和水量都稳定后按要求测取各压力点测试曲线。

（12）上提仪器到油管中，收起调节臂，保存测试数据，上起仪器时速度不大于80m/min，距井口150m时减缓速度，20m时停车手摇，将仪器起入防喷管，关闭测试阀至2/3处，平稳下放仪器试探闸板两次，听到仪器试探闸板的声音，确认仪器已起入防喷管内后，全部关闭测试阀，放空，卸堵头，取出仪器。

（13）在地面弹出调节臂，关断电源。卸下电缆连接头，装上保护帽。将电缆摇进滚筒，刹紧刹车。

（14）整理测试资料，准备上报。

操作安全提示：

（1）施工前要制订安全措施及事故处理应急预案，准备好安全警示标识。

（2）开关阀门时一定要侧身，半圈操作，防止丝杠弹出伤人。

（3）测试阀关闭后，未放空或放空不通不能卸堵头。

（4）传递仪器时要注意做好配合，并要有呼应。

（5）高处作业时，操作人员应穿戴好安全防护用具，并有专人监护。

（6）安装防喷管时，操作人员要配合好，防止防喷管倾倒伤人。

（7）大雾、大雨、大雪、6级以上大风或夜间，不能进行测试施工。

（8）卸电缆头时，做好绝缘工作，防止发生触电事故。

32. 投捞分层注水井偏心堵塞器的操作。

准备工作：

（1）正确穿戴劳动保护用品。

（2）工用具、材料准备：450mm、600mm、900mm 管钳各 1 把，300mm 活动扳手 2 把，150mm 一字形螺丝刀 1 把，试井绞车 1 台，测试滑轮及注水井测试防喷装置 1 套，提挂式投捞器 1 支，打捞头 1 个，压送头 1 个，堵塞器若干，振荡器 1 个，棉纱若干，笔若干，报表若干。

操作程序：

操作前应清楚井下管柱的结构，偏心配水器类型、数量及规格，井下有无落物。

（1）打捞偏心堵塞器。

① 根据风向选择好车辆摆放位置，并按要求打好掩木，安装防喷管和滑轮支架，从绞车上拉出钢丝，穿过防喷管堵头、绳帽，打绳结。

② 将绳帽、振荡器和投捞器顺序连接，并紧固连接部位。

③ 放入防喷管内，上紧防喷堵头，关闭防喷管的放空阀，拉紧钢丝，计数器归零。

④ 打开测试阀，调节好密封填料压帽的松紧，开始下放仪器，速度不大于 100m/min，接近工作筒 100m 时减速至 50m/min 下放。

⑤ 投捞器下过预计层位以下 3～5m 后，缓慢上提仪器，超过目的层工作筒 3～5m 后，下放投捞器，打捞头坐入工作筒偏心孔与堵塞器对接上，上提投捞器，观察油压及水量变化，若压力下降、水量上升，说明打捞成功。

⑥ 上提投捞器，至井口 150m 时减速，20m 时停车手摇至投捞器进入防喷管，核对计数器。

⑦ 关闭测试阀至 2/3 处，平稳下放仪器试探闸板两次，听到仪器试探闸板的声音，确认仪器已起入防喷管内后，全部关闭测试阀，打开防喷管的放空阀，卸堵头，取出投捞器。

（2）投送偏心堵塞器。

① 根据风向选择好车辆摆放位置，安装防喷管和滑轮支架，从绞车上拉出钢丝，穿过防喷管堵头、绳帽，打绳结。

② 将绳结与连接好的偏心投捞器连接好，并紧固连接部位。

③ 放入防喷管内，上紧防喷堵头，关闭防喷管的放空阀，拉紧钢丝，计数器归零。

④ 打开测试阀，调节好密封填料压帽的松紧，开始下放仪器，速度不大于 150m/min，接近工作筒 50m 时减速至 50m/min 下放。

⑤ 投捞器下过预计层位以下 3～5m 后，缓慢上提仪器，超过工作筒 3～5m 后，下放投捞器。

⑥ 坐入工作筒偏心孔处，上提投捞器 3～5m 使压送头与堵塞器脱离。观察油压及水量变化（压力上升、水量下降），再缓慢下放投捞器，使投捞器再次坐在偏心孔上，然后上提投捞器，再观察油压与水量的变化（与上一次水量及压力一致说明投送成功）。

⑦ 上提投捞器，至井口 150m 时减速，20m 时停车手摇至投捞器进入防喷管，核对计数器。

⑧ 关闭测试阀至 2/3 处，平稳下放仪器试探闸板两次，听到仪器试探闸板的声音，确认仪器已起入防喷管内后，全

部关闭测试阀，打开防喷管的放空阀，卸堵头，取出投捞器。

操作安全提示：

（1）施工前要制订安全措施及事故处理应急预案，准备好安全警示标识。

（2）开关阀门时一定要侧身、半圈操作，防止丝杆飞出伤人。

（3）测试阀门关闭后，未放空或放空不通不能卸堵头。

（4）传递仪器时要注意做好配合，并要有呼应。

（5）高处作业时，操作人员应穿戴好安全防护用具，并有专人监护。

（6）安装防喷管时，操作人员配合好，防止防喷管倾倒伤人。

（7）大雾、大雨、大雪、6级以上大风或夜间，不能进行测试。

33. 拆装保养偏心堵塞器。

准备工作：

（1）正确穿戴劳动保护用品。

（2）工用具、材料准备：200mm 手钳 1 把，100mm 一字形螺丝刀 1 把，平锉刀 1 把，台虎钳 1 台，冲子 1 把，手锤 1 把，精度 0.02mm、规格 0 ～ 200mm 卡尺 1 把，偏心堵塞器 5 支，密封圈、弹簧若干，棉纱若干，扭簧 10 个，不同直径的水嘴若干，擦布若干。

操作程序：

（1）检查偏心堵塞器是否完好，有无弯曲、变形。

（2）检查打捞杆是否弯曲、变形或断裂。

（3）检查台虎钳是否灵活好用。

（4）拆偏心堵塞器。

①用棉纱将偏心堵塞器擦拭干净。

②用手钳将偏心堵塞器的压盖卸松，用手将压盖卸掉。

③用一字形螺丝刀将压盖上的密封圈卸掉。

④取出弹簧及打捞杆。

⑤用擦布将堵塞器包好，留出凸轮销子的位置。将堵塞器夹持在台虎钳上。

⑥用冲子对正凸轮销子位置，用手锤敲击，将凸轮销子从堵塞器上取出。

⑦取出扭簧及凸轮。

⑧卸掉过滤底堵，取出水嘴，卸下水嘴密封圈，测量水嘴直径。

⑨从堵塞器主体上卸下四道密封圈。

⑩擦拭检查各部件，如有损坏应更换。

（5）装偏心堵塞器。

①安装堵塞器四道密封圈，测量密封圈过盈量为 0.2～0.4mm。

②测量要更换的水嘴直径，更换水嘴密封圈，按顺序安装水嘴及过滤网。

③将扭簧放入扭簧槽内，装入凸轮。

④将凸轮销子穿过凸轮、扭簧及堵塞器主体，用冲子将凸轮销子固定。

⑤安装打捞杆和打捞杆弹簧。

⑥更换压盖密封圈，安装压盖。

⑦测量凸轮的外伸尺寸，凸出主体 2～3mm 为合格。

⑧检查凸轮翻转工作情况。

⑨将压盖和过滤网上紧。

操作安全提示：

（1）用一字形螺丝刀卸密封圈时，防止工具打滑伤人。

（2）用台虎钳夹持堵塞器时，要夹紧，防止堵塞器从台虎钳崩出伤人。

（3）用手钳卸松压盖时，要把堵塞器夹住，防止掉落伤人。

（4）检查各个部位螺纹时，要戴好防护手套。

（5）用锉刀打磨凸轮销子时，一定要平稳操作，防止锉刀伤及操作人员。

34.拆装保养提挂式投捞器。

准备工作：

（1）正确穿戴劳动保护用品。

（2）工用具、材料准备：150mm一字形螺丝刀1把，450mm、600mm管钳各1把，精度0.02mm、规格0～200mm游标卡尺1把，提挂式投捞器1支，各个部位弹簧若干，棉纱若干，黄油若干。

操作程序：

（1）拆卸投捞器。

①卸下绳帽。

②卸下上锁轮的螺钉，取出上锁轮总成。

③卸下投捞爪调整螺钉，取下投捞爪及支撑弹簧。

④卸下投捞爪的连接螺钉，取出投捞爪，卸下四方接头，取出弹簧。

⑤卸下下部锁轮的螺钉，取出下部锁轮。

⑥卸下定向爪固定螺钉，取出定向爪及支撑弹簧。

⑦检查、擦拭投捞器主体及各个部件；检查各部位弹簧的弹性，弹性不足时更换。

⑧ 检查各连接部位的螺纹是否完好，涂抹黄油，如螺纹有磨损、错扣应及时更换。

（2）组装投捞器。

① 安装定向爪支撑弹簧，将定向爪放入定向芯子内，安装定向爪固定螺钉，安装下部锁轮及螺钉。

② 将投捞爪与投捞器主体对接好，然后上紧固定螺钉，安装上部锁轮及螺钉。

③ 安装好支撑弹簧，上好调整螺钉并做适当调整。

④ 紧固各连接部位，上紧各部位螺钉。

⑤ 用锁轮锁定投捞爪和定向爪后，再释放开，检查各部件动作的灵活性。

⑥ 用游标卡尺测量定向爪张开后的尺寸，突出定向芯外套不大于 6mm±0.5mm。

⑦ 用游标卡尺测量主、副投捞爪收拢后的外径，投捞器最大外径不大于 44mm，投捞爪张开后外径须为96～106mm。

⑧ 各固定螺钉应拧紧，不应突出，各部位弹簧性能良好，打捞头、压送头部件齐全完好。

操作安全提示：

（1）平稳操作，防止工具脱手伤人。

（2）卸下零件，摆放整齐牢靠，防止掉落发生伤人事故。

（3）使用柴油清洗投捞器各个部件时，不准动用明火，防止发生火灾。

（4）检查各个部位螺纹时，要戴好防护手套。

35. 拆装保养弹簧式振荡器。

准备工作：

（1）正确穿戴劳动保护用品。

（2）工用具、材料准备：600mm 管钳 2 把，100mm 一字形螺丝刀 1 把，弹簧式振荡器 1 支，冲子 1 个，手锤 1 把，精度 0.02mm、规格 0～200mm 游标卡尺 1 把，密封圈若干，棉纱若干，黄油若干。

操作程序：

（1）拆卸振荡器的绳帽，卸松压紧接头。

（2）拉开主体，调整压紧接头，用冲子轻击卸下销钉，取出止动片、止动片弹簧。

（3）卸下压紧接头，取出中心杆及弹簧，卸下滑块固定螺钉，取出滑块，取出振荡器主体。

（4）检查并更换压紧接头密封圈。

（5）擦拭振荡器的绳帽、压紧接头、主体、销钉、止动片、止动片弹簧、中心杆、中心杆弹簧、滑块固定螺钉、滑块、主体、外套，并涂抹黄油。

（6）检查确认主体拉出或落回外套灵活，无阻卡现象。

（7）安装中心杆、中心杆弹簧，安装压紧接头并旋动接头使外壳销钉孔眼与主体销钉孔眼重合，放止动片弹簧、止动片，穿入销钉，放滑块并用螺钉固定。

（8）安装绳帽，紧固压紧接头、绳帽连接部位，振荡器主体入位，检查振荡器的灵活性。

（10）手压止动片应弹起灵活并突出外套 12mm，弹力小于 4.9N 时更换止动弹簧。

（11）主体弹簧应完好，试验拉开力量不小于 280N。

操作安全提示：

（1）使用专用工具拆卸振荡器，操作平稳，防止伤人。

（2）振荡器主体拉出或回落时，手持的位置要正确，防止发生伤人事故。

36. 拆装保养验封密封段。

准备工作：

（1）正确穿戴劳动保护用品。

（2）工用具、材料准备：600mm 管钳 2 把，75mm、100mm 一字形螺丝刀各 1 把，精度 0.02mm、0～200mm 游标卡尺 1 把，验封密封段 1 支，密封段胶筒若干，细砂纸 1 张，钢丝刷 1 把，黄油若干，棉纱若干。

操作程序：

（1）卸下密封段定位装置，紧固固定螺钉，检查定位爪释放是否灵活。

（2）卸下导压连杆和护筒，检查并清理传压孔、限位槽、限位键、密封圈。

（3）卸下上胶筒短接、中部连接短接、下胶筒短接、胶筒、压环，用钢丝刷清洁卡槽，用擦布清洁阀座密封面。

（4）卸下泄压杆和泄压护筒，清理传压孔，清洁泄压杆密封锥面。

（5）卸下压力计护筒和接头，清理传压孔和中心孔。

（6）清洗、检查各部件的外观和螺纹，并涂抹润滑油，更换新密封段皮碗，检查皮碗弹性。

（7）组装按相反操作进行，紧固各连接部位，组装后用细砂纸将工具带出的毛刺打磨掉。

（8）测量皮碗收拢外径不大于 45mm，下压密封段测量、调整皮碗胀开尺寸应大于 46.5mm。

操作安全提示：

（1）检查定位爪时要平稳操作，防止定位爪弹出伤人。

（2）使用游标卡尺时要注意防止尺爪划伤手部。

（3）检查螺纹和使用钢丝刷时注意戴好手套，防止手部受伤。

（4）组装时要注意防止零部件掉落砸伤操作人员。

37. 分层注水井验封的操作。

准备工作：

（1）正确穿戴劳动保护用品。

（2）工用具、材料准备：450mm 管钳 2 把，300mm、350mm 活动扳手各 1 把，200mm 手钳 1 把，100mm 一字形螺丝刀 1 把，200mm 十字形螺丝刀 1 把，精度 0.02mm、规格 0～200mm 游标卡尺 1 把，双通道验封压力计 1 支，笔记本电脑 1 台，试井绞车 1 台，测试密封段 1 支，加重杆 1 根，密封段密封胶圈若干，棉纱若干，记录笔 1 支，报表若干。

操作程序：

（1）验封前的准备。

① 了解测试井井下管柱结构和深度，掌握测试井基本条件。

② 检查确认验封井的井口设备齐全完好，不渗不漏，各阀门开关灵活。

③ 检查确认注水井流程正常，油套连通阀（洗井阀）一定要关严，记录油压、套压、泵压及注入量。

④ 检查确认测试绞车离合、刹车及测深装置灵活好用；检查确认钢丝无砂眼、死弯等，长度能满足测试要求。

⑤ 检查确认验封密封段无毛刺，皮碗无破损、老化现象，过盈量符合技术要求，传压孔畅通，定位爪灵活好用，收拢时最大外径不大于 44mm。

⑥ 检查确认验封压力计外观完好，各部紧固，笔记本电脑完好，与压力计通信正常。

（2）仪器下井前操作。

① 根据井场地形及风向选择试井车停放位置，将测试绞车对准井口。

② 安装测试防喷管、滑轮、平台。

③ 连接仪器，自上而下依次为绳帽、加重杆、双通道验封压力计、验封测试密封段，并检查紧固各连接部位。

④ 将仪器装入防喷管内，上好堵头，关好防喷管的放空阀，将钢丝放入滑轮槽内，摇紧钢丝，转速表归零。

（3）仪器下井操作。

① 缓慢打开测试阀，将连接好的仪器平稳下过总阀后匀速下放井筒内，下放速度不大于 100m/min，接近层位时下放速度不大于 30m/min。

② 当仪器下放到最下一级层段工作筒以下 3～5m 时，上提过层段 3～5m，将定位爪释放开后，下放坐封于工作筒。

（4）验封操作。

① 在井口采用"开—关—开"或"关—开—关"的方式，每个工作状态下停留 3～5min，其中开井压力为正常注水压力。

② 在正常注水及验封过程中每个操作过程结束、下一项操作过程开始前，分别录取井口注水压力及注水量。

③ 开（关）井平稳操作，由下至上完成各层段验封工作。

（5）仪器上起操作。

① 完成各层段验封后，挂上滚筒离合器，松开刹车，以 30m/min 的速度将仪器起出工作筒后，用不大于 100m/min 的速度匀速上起。

② 当仪器起至井口 150m 时减速上起，仪器起至距井口 20m 时停车，摘掉滚筒离合器，手摇绞车将仪器起至防喷管后，关闭测试阀至 2/3 处，平稳下放仪器试探闸板两次，听到仪器试探闸板的声音，确认仪器已起入防喷管内后，全部关闭测试阀。

③ 打开防喷管的放空阀，卸下堵头。

④ 顺滑轮拉钢丝，将仪器顶部拉出防喷管，抓住仪器同时放倒测试滑轮，将仪器提出防喷管。

⑤ 现场回放验封曲线，做定性判断，若下压力计记录的压力曲线随井口注水压力而变化，则该层段应重复验封一次。

(6) 测试后的工作。

① 卸下测试滑轮及测试防喷管，放到车上固定位置。

② 将钢丝摇进滚筒，用刹车固死，卸下转速表支架，将用具、仪器、仪表擦拭干净，装入车内固定位置。

③ 打扫井场卫生，做到文明施工。

④ 倒好正常注水流程，通知值班采油工验封完毕。

⑤ 按要求填写原始报表，现场异常情况应在备注栏说明，测试人签字后交队长审核签字，准备上报。

操作安全提示：

(1) 施工前要制订安全措施及事故处理应急预案，准备好安全警示标识。

(2) 开关阀门时要侧身、半圈操作，平稳缓慢，保证防喷管内压力升降平稳。

(3) 测试阀关闭后，未放空或放空不通不能卸堵头。

(4) 传递仪器时要注意做好配合，并要有呼应。

(5) 高处作业时，操作人员应穿戴好安全防护用具，并有专人监护。

（6）安装防喷管时，操作人员要配合好，防止防喷管倾倒伤人。

（7）大雾、大雨、大雪、6级以上大风或夜间，不能进行测试。

（8）需要放空泄压时，要缓慢泄压。

38.浅层气井测试操作。

准备工作：

（1）正确穿戴劳动保护用品，试井车安装防火帽。

（2）工用具、材料准备：黄油500g，棉纱500g，烃类报警器1个，气井专用600mm管钳1把，气井专用F形扳手1把，22号开口扳手2把，高压防喷装置1套，压力计1支，加重杆1根，试井车1辆。

操作程序：

（1）施工前准备。

① 应详细了解施工井井况，清楚气体组分，井身结构，井下管串、工具位置，井内有无落物，井口压力情况和井底估算压力。

② 按试井施工设计要求选择井下压力计，检查压力计电池电量、密封性能，预置压力计采样间隔，按施工要求选择加重杆。

（2）仪器下井前操作。

① 关闭测试阀，卸下原井丝堵。

② 安装高压测试防喷管。

③ 将试井钢丝拉到井口，穿过防喷堵头和绳帽后打绳结，要求绳结在仪器绳帽内转动灵活。

④ 将经过设置的电子压力计与加重杆等下井工具连接

到钢丝绳帽上。

⑤ 将测试滑轮装在防喷管上。

⑥ 将仪器串平稳地装入防喷管内，拧紧堵头。

（3）仪器下井操作。

① 下井前，将仪器串拉到防喷管顶部；摇紧钢丝，转速表计数器对准零位。

② 向防喷盒内加装机油。

③ 先将防喷管放空阀打开，再缓慢开启测试阀，向防喷管内充气，使防喷管内的空气完全被天然气替换，关闭防喷管放空阀。待防喷管内压力与井口压力平衡后，再全部打开测试阀。

④ 待井口阀门全部打开后，下放钢丝，将仪器串缓慢送入井内。

⑤ 平稳地将仪器串下过总阀后，以不大于 80m/min 的速度匀速下放。

⑥ 仪器串通过井内工具和油管尾管时，应减速至 20m/min 下放钢丝，缓慢通过。

（4）资料录取操作。

① 按不同施工项目的设计要求录取资料。

② 按施工设计要求与井站人员配合改变气井工作制度，记录相关数据。

③ 测试过程中应保持井内气体不渗不漏。

（5）上起仪器操作。

① 上提仪器串速度不应超过 80m/min。

② 距井口 500m 时降低油门，不大于 200m 时，速度为 10 ～ 50m/min。

③ 距井口 100m 时减至最低速度，呈半离合状态，将液

压压力调至最低点，以能启动滚筒为限。

④ 至井口 20m 时停车，摘掉滚筒离合器，手摇绞车提升。

⑤ 当仪器串起至距井口不足 5m 时，手拉钢丝，将仪器缓慢拉入防喷管。

⑥ 关闭测试阀至 2/3 处，平稳下放仪器串试探闸板两次，听到仪器试探闸板的声音，确定仪器已进入防喷管内部，全部关闭测试阀。

（6）测后工作。

① 缓慢打开防喷管放空阀，放空后松开堵头压帽，卸下堵头。

② 顺滑轮拉钢丝，将仪器顶部拉出防喷管后，抓住仪器同时放倒测试滑轮，将仪器提出防喷管。

③ 用专用工具将仪器与加重杆分开后，将仪器擦拭干净装入仪器盒内。

④ 钢丝归位，将车载旋钮、开关、操作杆放置安全位置。

⑤ 施工结束，对气井采油树工作流程进行核实，恢复到测试前状况。

⑥ 检查施工现场，恢复井场。

操作安全提示：

（1）注意停车位置，应停在上风口。

（2）在登高操作时，注意高空落物伤害。

（3）注意堵头应上紧，防止漏气。

（4）拆卸、安装防喷管时注意防止重物伤人。

（5）烃类报警器报警时，应立即停止施工，撤离相关人员，车辆设备停止运转，判断天然气泄漏部位，采取相应措施。

（6）当井口压力恢复到防喷管额定工作压力的 80% 时，应及时向上级汇报，并根据上级指示采取相应措施。

（7）开关阀门时要侧身、半圈操作。

39. 深层气井测试操作。

准备工作：

（1）正确穿戴劳动保护用品，试井车安装防火帽。

（2）工用具、材料准备：黄油 500g，棉纱 500g，密封脂若干，密封填料若干，烃类报警器 1 个，气井专用 600mm 管钳 1 把，气井专用 F 形扳手 1 把，22 号开口扳手 2 把，气井防喷装置 1 套，压力计 1 支，加重杆 1 根，专用法兰 1 套，试井车 1 辆，吊车 1 辆。

操作程序：

（1）施工前准备。

① 应详细了解施工井井况，清楚气体组分，井身结构，井下管串、工具位置，井内有无落物，井口压力情况和井底估算压力。

② 按试井施工设计要求选择井下压力计，检查压力计电池电量、密封性能，预置压力计采样间隔，按施工要求选择加重杆。

（2）仪器下井前操作。

① 关测试阀放空时应侧身站在上风位置操作，待压力为零时再拆卸法兰盘。

② 换装专用法兰时应清洁密封钢圈，并抹上密封脂。

③ 拧法兰螺栓时应对角拧紧，装好后上、下法兰要平行。

④ 根据井口压力和下井工具长度确定防喷管长度，防

喷管底部连接捕捉器，防喷器应连接在整个防喷装置的最下方。连接时要检查活接头、螺纹、密封填料，并对其清洁、更换，同时在螺纹、填料密封部位抹上密封脂。

⑤ 将连接钢丝绳帽钢丝穿过防喷盒，将电子压力计与加重杆等下井工具连接到钢丝绳帽后装入防喷管。

⑥ 检查防喷盒柱状密封填料，更换磨损的密封填料。

⑦ 用卡子将地滑轮固定在防喷管上，并确保地滑轮螺栓无松动，齿轮无损坏，轴承转动灵活。

⑧ 将手压泵充满液压油，检查、清洁快速接头，连接液压管线，根据各密封处压力加压密封。

⑨ 吊装防喷管前，防喷系统上的管线、绳子和钢丝要分开捆绑，避免打绞，钢丝通过天滑轮固定在防喷管下部。

⑩ 打开捕捉器托板，在防喷管吊起时，将仪器托住，避免滑出防喷管。整体吊装时，防喷管下接头应戴上护丝。

⑪ 防喷管坐到测试井口上时，将防喷管底部和测试井口专用法兰盘连接（应由 2 人以上共同完成）。

⑫ 吊装连接时，活接头应对正，轻提轻放，避免提伤 O 形密封圈，一边摇晃拉绳，一边上紧活接头。

（3）仪器下井操作。

① 下井前，将仪器串拉到防喷管顶部。同时，操作员摇紧钢丝，转速表计数器对准零位。

② 将防喷盒内加装机油。

③ 打开测试阀时，先将防喷管放空阀打开，再缓慢开启测试阀，向防喷管内充气，使防喷管内的空气完全被天然气替换，关闭防喷管放空阀。待防喷管内压力与井口压力平衡后，再全部打开测试阀。

④ 待井口阀门全部打开后，下放钢丝，将仪器串缓慢

送入井内。

⑤ 平稳地将仪器串下过总阀后，以不大于 80m/min 的速度匀速下放。

⑥ 仪器串通过井内工具和油管尾管时，应减速至 20m/min 下放钢丝，缓慢通过。

（4）资料录取操作。

① 按不同施工项目的设计要求录取资料。

② 按施工设计要求与井站人员配合改变气井工作制度，记录相关数据。

③ 测试过程中应保持井内气体不渗不漏。

（5）上起仪器操作。

① 上提仪器串速度不应超过 80m/min。

② 距井口 500m 时降低油门，不大于 200m 时，速度为 10 ～ 50m/min。

③ 距井口 100m 时减至最低速度，呈半离合状态，将液压压力调至最低点，以能启动滚筒为限。

④ 至井口 20m 时停车，摘掉滚筒离合器，手摇绞车提升。

⑤ 当仪器串起至距井口不足 5m 时，手拉钢丝，将仪器缓慢拉入防喷管。

⑥ 关闭测试阀至 2/3 处，平稳下放仪器串试探闸板两次，听到仪器试探闸板的声音，确定仪器已进入防喷管内部，全部关闭测试阀。

（6）测后工作。

① 完成测试任务后，将防喷管底部和测试井口专用法兰盘连接处打开。

② 将防喷管吊至安全地带，将仪器取出。

③ 防喷管吊下拆卸后，将其摆放在工具车上固定。

④ 用专用工具将仪器与加重杆分开，用擦布将仪器擦净后装入仪器盒内。

⑤ 钢丝归位，将车载旋钮、开关、操作杆放置于安全位置。

⑥ 检查施工现场，恢复井场。

操作安全提示：

（1）注意停车位置，停在上风口。

（2）吊车摆放时支腿要使用垫木，操作符合安全要求，吊臂回转半径内不允许站人。

（3）注意堵头应上紧，防止漏气。

（4）拆卸、安装防喷管时注意防止重物伤人。

（5）烃类报警器报警时，应立即停止施工，撤离相关人员，车辆设备停止运转，判断天然气泄漏部位，采取相应措施。

（6）当井口压力恢复到防喷管额定工作压力的 80% 时，应及时向上级汇报，并根据上级指示采取相应措施。

（7）开关阀门时要侧身、半圈操作。

40. 编写井下落物打捞方案。

准备工作：

（1）正确穿戴劳动保护用品。

（2）工用具、材料准备：打印纸若干，笔 1 支。

操作程序：

（1）收集井的基本情况。

① 井身结构示意图，包括井下工具情况、深度、人工井底等。

② 油水井生产动态，包括注入量、油套压等。

③ 地面设备情况，包括井口结构、采油树种类。

（2）分析落物原因、形状、尺寸、深度，必要时采取打铅模的方式进行确认。

（3）确定打捞的目的。

① 为了不影响油水井的正常生产。

② 消除井内落物，对油水井负责。

（4）打捞工具的准备与选择。

① 一般工具准备（地面）：胶皮阀、防喷管、绷绳、地滑轮等。

② 打捞工具准备（井下）：根据落物的形状选择合适的捞具。脱扣落物应使用卡瓦打捞器、内钩打捞器、内钢丝刷打捞筒；带钢丝落物应使用内钩、外钩打捞器或钢丝打捞器；外部伞状台阶落物应使用卡瓦打捞头、卡块打捞头、抓块打捞头。

（5）制订打捞落物过程中的施工要求及措施。

① 穿戴好劳保用品。

② 严格按照操作规程操作，严禁违章。

③ 参与人要熟悉打捞流程方案。

④ 井口安装胶皮阀、防喷管、防喷装置、绷绳、地滑轮。

⑤ 打捞工具连接顺序依次为绳帽、加重杆、振荡器、打捞头。

⑥ 听取现场人员描述。

⑦ 确定使用专用打捞头直接抓取。

⑧ 捞取仪器后，时刻注意压力表变化。

（6）制订打捞注意事项及应急方案。

① 注意事项：在打捞过程中，起下速度都应缓慢，严

防二次落物情况。

②应急方案：在打捞过程中，地面应有专人观察防喷管及各阀门情况。

（7）出具方案。

①设计书必须有设计人、审核人、批准人。

②打印成文。

41. 制作外钩钢丝打捞工具。

准备工作：

（1）正确穿戴劳动保护用品。

（2）工用具、材料准备：台虎钳1台，板锉1把，三角锉1把，电焊机1台，钢锯1把，钢锯锯条若干，接头1个，20mm×500mm圆钢，8mm×50mm钢筋。

操作程序：

（1）准备工具，检查设备、工具是否齐全。

（2）将直径为20mm的圆钢夹在台钳上，将一头用板锉打磨成圆锥形，锥长约20mm，制成钩身。

（3）将直径为8mm的钢筋夹在台钳上，用钢锯将钢筋斜角平行锯成5个钩齿，钩齿两个端面相同，截面为椭圆形，尖角为30°左右，两尖距约40mm。

（4）将钩齿错落分开，焊接到钩身上，按120°角螺旋排列。

（5）将打捞矛与接头焊接牢固。

（6）用三角锉打磨钩齿和带有毛刺的地方。

操作安全提示：

（1）在用锉刀打磨时，要戴好防护手套平稳操作。

（2）用钢锯锯钢筋时，防止用力过大，锯条断裂伤及操作人员。

（3）焊接点一定要焊接结实，不得有虚焊、漏焊。

（4）焊接打捞矛时一定要避开弧光，避免造成眼部灼伤。

（5）使用电源时一定要注意用电安全，避免触电事故的发生。

42. 打捞井下落物。

准备工作：

（1）正确穿戴劳动保护用品。

（2）工用具、材料准备：450mm、600mm 管钳各 1 把，900mm 管钳 1 把，200mm 一字形螺丝刀 1 把，胶皮阀 1 个，铅模 4 个，加重杆 1 支，打捞卡瓦 1 个，振荡器 1 支，打捞矛 2 支，防喷管 1 根，绷绳 1 根。

操作程序：

（1）首先了解落物井的井下管柱结构，井口各阀门开关是否灵活。

（2）了解落物井的生产情况，如压力、水量、出砂情况等。

（3）分析落物原因。

① 搞清落物的原因、形状、尺寸和深度，绘制草图。

② 若为脱扣落物，首先确定脱扣部位、落物的结构、长度、外形特征及鱼尾螺纹形。

③ 若为断钢丝落物，要了解断钢丝的原因。如：仪器遇卡拔断，确定剩余钢丝长度；钢丝在井筒内打扭拉断，确定钢丝拉断深度；绳结拉脱；在井口碰断或井口关断。

（4）打捞卡钻落物。

① 遇卡严重的应该先下通杆多砸几下以减小被卡程度。

② 连接好绳帽、加重杆、振荡器、打捞筒。

③ 为了减小压力，可先关井或放大压差喷一下，然后再下打捞工具。

④ 捞住落物后不能硬拔，应用振荡器反复振荡。

⑤ 为了防止卡钻严重、再次把钢丝拔断，应在打捞工具上接一个负荷安全接头。当负荷超过钢丝的允许值时，安全接头上的销钉被剪断，钢丝就能从井下起出，然后进行二次打捞。

⑥ 当多次振荡不能解卡时，应将绞车的压力调小，然后继续反复振荡，直至解卡为止。

（5）打捞带钢丝的落物。

① 连接好绳帽、加重杆、振荡器、打捞矛准备下井。

② 打捞工具下放深度不宜过大，应下一定深度后上提，观察指重器上的负荷变化。

③ 若负荷没有变化，再下放一定深度后上提，继续观察指重器的变化。

④ 逐步加深深度，直到捞住钢丝为止，中间岗的操作人员应反复压钢丝，让打捞矛能够牢固抓住井下的钢丝。

⑤ 上提钢丝时绞车的速度一定要慢，速度均匀，不能时快时慢，速度控制在 30m/min，避免因为速度过快造成井下钢丝再次落井。

⑥ 将钢丝提至井口进入防喷管内时，关闭胶皮阀，放空后卸下堵头，提出打捞工具。将胶皮阀以上的钢丝理直，将理直的钢丝穿过堵头，并将防喷堵头上的防喷盒上紧，打开胶皮阀，再缓慢上提，将钢丝提出。

⑦ 按照上述方法再次下井打捞剩下的钢丝，直至将井下的钢丝捞净为止。

⑧ 如不确定钢丝是否全被捞出，则下仪器打印铅

模。打印铅模后确定没有钢丝则下打捞筒将井下工具打捞出来。

（6）收拾工具，打扫井场，控制好注水压力，恢复注水。

操作安全提示：

（1）施工前要制订安全措施及事故处理应急预案，准备好安全警示标识。

（2）开关阀门时一定要侧身、半圈操作，防止丝杆飞出伤人。

（3）测试阀关闭后，未放空或放空不通不能卸堵头。

（4）传递仪器时要注意做好配合，并要有呼应。

（5）高处作业时，操作人员应穿戴好安全防护用具，并有专人监护。

（6）安装防喷管时，操作人员要配合好，防止防喷管倾倒伤人。

（7）大雾、大雨、大雪、6级以上大风或夜间，不能进行测试。

（8）打捞工具进入防喷管后方可关闭胶皮阀，放空或放空不通不准卸堵头。

（9）打捞时，必须安装地滑轮，防止防喷管断裂伤人。

（10）打捞过程中，需要放空泄压时必须有罐车，禁止外排。

43. 拆装母扣打捞器。

准备工作：

（1）正确穿戴劳动保护用品。

（2）工用具、材料准备：200mm一字形螺丝刀1把，冲子1个，锤子1把，O形密封圈若干，棉纱适量。

操作程序：

（1）卸下销钉压盖螺钉，取下销钉压盖，取下两根销钉。

（2）取下两片打捞卡片，取下卡片弹簧，取下限位短节，拆掉限位短节防退扣密封填料。

（3）用擦布擦拭销钉压盖螺钉、销钉压盖、销钉、打捞卡片、卡片弹簧、限位短节、打捞器外筒。

（4）检查确认销钉压盖、销钉、打捞器外筒完好。

（5）检查确认销钉压盖螺钉螺纹、打捞卡片外螺纹、限位短节螺纹完好；检查确认弹簧弹性完好。

（6）更换限位短节防退扣密封填料，安装限位短节。

（7）安装卡片弹簧、打捞卡片、销钉、销钉压盖、销钉压盖螺钉，检查内螺纹打捞器灵活性。

操作安全提示：

（1）用冲子和手锤时要防止被砸伤。

（2）拆卸、安装打捞器时注意防止掉落伤人。

44. 试井绞车测试前检查。

准备工作：

（1）正确穿戴劳动保护用品。

（2）工用具、材料准备：300mm活动扳手1把，内六角扳手1套，150mm一字形螺丝刀1把，100mm十字形螺丝刀1把，200mm手钳1把，润滑油若干，擦布若干。

操作程序：

（1）检查测试绞车底盘是否有螺栓松动，如有松动应用扳手紧固。

（2）检查计数器及指重系统是否准确、灵敏、紧固，若不符合要求应及时维修。

（3）检查计量轮内有无泥沙、油污等污物，计量轮应完好无毛边，有损坏及时更换。

（4）检查操作面板上的各个仪表、开关是否灵活好用，连接线是否完好无破损。

（5）检查确认刹车、滚筒、离合器离合工作正常，滚筒转动同心，无来回摆动现象。

（6）检查绞车的润滑部位是否缺油，如果缺油应及时加注。

（7）检查确认排丝装置转动灵活，麻花轴内无泥沙、润滑良好。

（8）检查气路管线、接头、阀件是否密封，如有漏气现象应及时维修或更换。

（9）检查确认气泵工作正常，如有故障应停止使用，及时维修。

（10）检查确认液压油箱液位高度合适、油质合格，液压管线无损伤和漏油现象，如液压油变质或油位过低应及时更换或补充液压油。

（11）检查液压泵运转是否正常；检查液压控制阀动作是否灵活，压力表指示是否准确。

（12）检查测试钢丝及测试电缆是否有死弯、砂眼、硬伤等现象，长度能否满足测试要求。

操作安全提示：

（1）检查紧固绞车机械部件时，一定要在发动机熄灭状态下进行。

（2）指重装置及计深装置必须准确好用，否则应及时维修。

（3）滚筒转动不同心或来回摆动时，要停止使用。

（4）排丝装置必须转动灵活，不能缺少润滑油，否则会造成排丝装置不能转动，影响绞车摆排钢丝和电缆，严重时会导致绞车不能使用。

（5）液压油质量必须合格，油量不得缺少，否则会造成测试绞车动力不够或不能使用。

（6）检查钢丝或电缆是否有死弯、砂眼，钢丝长度应大于测试井深 100m 以上，电缆应大于测试井深 200m 以上。

45. 液压绞车的保养与操作。

准备工作：

（1）正确穿戴劳动保护用品。

（2）工用具、材料准备：300mm 活动扳手 1 把，内六角扳手 1 套，150mm 一字形螺丝刀 1 把，100mm 十字形螺丝刀 1 把，200mm 手钳 1 把，液压油 1 桶，润滑油若干，擦布若干。

操作程序：

（1）绞车的保养。

① 检查绞车各部位的固定螺栓是否紧固。

② 检查计深装置、指重装置显示是否准确、灵活、可靠；检查计量轮、导向轮是否动作灵活无卡、磨现象。

③ 检查确认刹车带无变形、开裂、脱铆现象，刹车可靠，清洁刹车带与刹车鼓的摩擦面，检查调整刹车带与刹车鼓的紧固情况，松开刹车后间隙应为 2～3mm。

④ 检查确认滚筒转动正常、灵活，无来回摆动，紧固滚筒螺栓、轴承座与轴承架。

⑤ 检查确认手摇机构轻便、摘挂灵活、可靠。

⑥ 检查绞车各润滑部位是否缺油，缺油应及时加注。

（2）盘绳器的保养。

① 检查确认盘丝装置动作灵活，光杆表面干净、光滑，麻花轴和滑块无损伤，间隙合适。

② 检查确认气路操控系统气泵运转正常；气动阀灵活好用，分、合动作灵活可靠；油门操作灵活可靠；气路管线、接头、阀件密封，无漏气现象。

③ 检查确认液压油位高度合适，液压油无变质现象；液压泵运转正常；液压管线无渗漏，无损伤；液压控制阀灵活好用，压力表指示准确。

④ 检查测试钢丝是否有砂眼、死弯、硬伤等，长度能否满足测试要求。

⑤ 测试电缆通信正常，用兆欧表测量，阻抗应大于100MΩ。

（3）绞车的操作。

① 根据井场的地形、风向选好停车位置，距离井口20～30m。绞车对正井口滑轮，绞车岗位操作视线要好，应避开电线停车。

② 摇紧钢丝，将计数器归零，把离合器松开，慢慢松开刹车，下放测试仪器。

③ 起下仪器一定要平稳，严禁猛放猛起。钢丝正常起下速度应小于150m/min，电缆起下速度不大于80m/min；仪器进入工作筒或未出工作筒之前，钢丝起下速度小于50m/min，电缆起下速度小于30m/min。

④ 起下仪器时，钢丝要绷直，防止拖地、跳槽和打扭等。

⑤ 注意观察指重器负荷变化及转速表的计数情况，防止跳字、卡字现象。

⑥ 仪器下到测试深度时要放慢下放速度，到达测试层位要刹住刹车停测。

⑦ 仪器起至距离井口 150m 时，减速慢起，钢丝上起速度小于 50m/min，电缆上起速度小于 30m/min；距离井口 20m 时应停车用手摇，使仪器慢慢进入防喷管。

⑧ 仪器进入防喷管后，关闭测试阀至 2/3 处，平稳下放仪器试探闸板两次，听到仪器试探闸板的声音，确认仪器已起入防喷管内后，全部关闭测试阀，放空卸堵头，起出仪器，将钢丝盘回绞车，将刹车刹死。

操作安全提示：

（1）油门控制应当平稳缓慢，严禁急加、急收。

（2）钢丝、电缆无死弯、砂眼、硬伤，否则会因为死弯和砂眼造成井下事故。

（3）选择停车位置时，必须避开电线，电线在井口正上方时禁止操作施工。

（4）上提仪器不得太快，过层不能太快，一定要手摇绞车让仪器进入防喷管。

（5）使用兆欧表测量完阻抗时，必须进行放电。

46. 计量轮的更换与检查。

准备工作：

（1）正确穿戴劳动保护用品。

（2）工用具、材料准备：300mm 活动扳手 1 把，150mm 一字形螺丝刀 1 把，400mm 钢板尺 1 把，300mm 外卡 1 把，内六角扳手 1 套，测试绞车 1 台，新计量轮 1 个，压紧轮 1 个，擦布若干。根据测试绞车不同，选择合适的工具。

操作程序：

（1）检查计量轮。

① 检查计量轮转动情况，是否同心，是否来回摆动。

② 检查计量轮与转速表芯子的连接状况，转速表芯子是否连接紧固。

③ 检查计量轮的固定螺栓是否紧固。

④ 检查计量轮与压紧轮的结合是否紧密。

⑤ 检查压紧轮是否完好，如果磨损严重应及时更换。

⑥ 检查转速表芯子转动是否正常，芯子内是否润滑，有无缺油。

⑦ 检查压紧轮的滑块、螺纹是否完好。

⑧ 检查计量轮支架是否完好，是否开焊，若不符合要求应及时维修或更换。

（2）更换计量轮。

① 卸掉转速表芯子。

② 卸松压紧轮，取出钢丝。

③ 使用外卡和钢板尺，量出计量轮内槽直径。

④ 根据下式计算出计量轮的误差：

$$\Delta H = 1000 - (D+d)\pi\frac{E_2}{E_1}$$

式中　　ΔH ——转速表每米记录误差，mm；

D——量轮直径，mm；

d——钢丝直径，mm；

E_1——主变速轮齿数；

E_2——副变速轮齿数。

油田常用的 E_2/E_1 齿轮比有 25/18、16/10 等。

⑤ 计量轮直径误差不得超过 ±0.5mm，否则需更换计量轮。

⑥ 用扳手卸掉计量轮。

⑦ 将符合使用要求的计量轮安装在计量轮的支架上，上紧固定螺栓。

⑧ 将合格的压紧轮安装好，并调整好压紧轮与计量轮之间的间隙。

⑨ 检查计量轮转动是否正常。

⑩ 将转速表芯子与计量轮连接紧固。

操作安全提示：

（1） 检查、更换计量轮时，一定要保证发动机处于熄火状态。

（2） 压紧轮应完好，压紧轮与计量轮间隙应合适，否则易造成钢丝从计量轮跳出打扭或卡断。

（3） 卸松压紧轮、取出钢丝时，应防止钢丝弹出伤人。

 ## 常见故障判断处理

1. 测试时井口压力表常见故障有什么现象？故障原因有哪些？如何处理？

故障现象：

（1） 卸下压力表后，压力表不归零。

（2） 安装压力表后，打开取压阀，压力表不起压力。

（3） 压力表与井下仪器测取的压力误差大。

（4） 测试过程中压力表示值与井下仪器所测压力有误差，差值不定。

故障原因：

（1）压力表受碰撞致使压力表不归零；冬天压力表没有防冻装置，压力表冰冻造成不归零。

（2）压力表传压孔堵塞，造成压力表不起压力。

（3）压力表没有校验造成压力表的误差大。

（4）使用中操作不当有振动，造成表盘或表针松动；压力表固定螺钉松动；压力表内的游丝损坏。

处理方法：

（1）重新校正压力表；冬天一定要对压力表采取防冻措施。

（2）用通针清理传压孔。

（3）定期校验压力表。

（4）紧固表盘和压力表的螺钉，更换压力表游丝，重新校验压力表。

2. 注水井取压装置故障有什么现象？故障原因有哪些？如何处理？

故障现象：

（1）取压阀打不开。

（2）取压阀打开后压力表不起压力。

（3）取压阀漏失。

故障原因：

（1）取压阀长时间关闭，阀门腐蚀或者严重结垢，造成取压阀打不开。

（2）取压阀被脏物堵死，造成取压阀打开后压力表没有压力显示。

（3）取压阀内的密封件破损。

处理方法：

（1）用柴油浸泡后，使用力矩较大的工具旋转将取压阀打开。

（2）关井泄压后，卸下取压阀，用通针把取压阀的进压孔通开。

（3）关井泄压后，更换取压阀。

3. 注水井油压升高故障有什么现象？故障原因有哪些？如何处理？

故障现象：

（1）注水井注入或测试过程中，井口油压表压力值或井下仪器测得压力突然升高。

（2）测试过程中，泵压没有变化，井下流量计压力突然升高，所测流量反而下降。

故障原因：

（1）泵压升高或下游阀跳闸板造成油压升高。

（2）注入水质不合格，管柱结垢，造成水嘴堵塞、滤网堵塞或射孔孔眼堵塞；地层堵塞或吸水能力下降。

处理方法：

（1）重新控制好注水量。

（2）反洗井解堵或拔出堵塞器解堵。

4. 注水井油压下降故障有什么现象？故障原因有哪些？如何处理？

故障现象：

（1）注水井测试过程中，井口油压表示值或仪器测得压力突然下降较多。

（2）注水井注水压力下降，注水量反而增加。

故障原因：

（1）地面因素：地面管线漏失。

（2）井下因素：封隔器失效；套管外窜槽；套管损坏；底部球座密封不严；水嘴脱落或刺大；油管漏失等。

（3）地层因素：采取增注措施后，油层吸水能力增强或井区内油井工作制度改变。

处理方法：

（1）及时封堵管线漏失。

（2）更换合适的水嘴；进行洗井处理；重新释放封隔器；进行作业处理。若注水压力下降超过 1MPa，应停止注水并上报相关业务部门。

（3）重新调配，合理控制好注水量。

5. 注水井油压与井下仪器测试压力不符，地面流程故障有什么现象？故障原因有哪些？如何处理？

故障现象：

压力表与井下仪器测试压力数据误差较大。

故障原因：

（1）测试时，井口生产阀闸板脱落或未全部打开造成憋压。

（2）井口过滤器或地面管线堵塞、穿孔，导致注水井油压与井下仪器压力不符。

（3）取压装置失效、油缸缺油，造成油压表取值不准确。

（4）冬季防冻装置密封圈失效，造成油压表冻堵取值不准确。

（5）传压介质脏污，取压阀堵塞或损坏，造成油压表取值不准确。

（6）油压表长时间未校验，读数不正确；下井仪器未定期校验，测量值超差。

处理方法：

（1）倒流程时，应将生产阀全部打开，若阀门损坏应及时更换。

（2）清理井口过滤器，冲洗注水管线，对穿孔部位进行补焊。

（3）更换取压装置，加注防冻油。

（4）更换活塞密封圈装置，冬季应加注防冻油。

（5）清除堵塞，使用专用液压油，更换取压阀。

（6）定期校验水表，定期校验下井仪器。

6.注水井油压与井下仪器测试压力不符，测试仪器故障有什么现象？故障原因有哪些？如何处理？

故障现象：

压力表与井下仪器测试压力数据误差较大。

故障原因：

（1）测试仪器压力传感器出现故障。

（2）测试仪器未按时标定，导致测试仪器所测压力不准确。

（3）测试仪器传压部位有堵塞，导致所测压力不准确。

（4）吊测对比注水压力时，测试仪器下入井内过深。

（5）测试仪器电池电压过低或进行电缆测试时电缆头电压过低，导致测试压力不准确。

处理方法：

（1）更换压力传感器并标定。

（2）按检定周期标定仪器。

（3）使用前后应及时清洗仪器传压部分。

（4）吊测对比注水压力时，仪器不宜下得过深，在水平位置上应尽可能接近井口油压表。

（5）测试前检查电池电压，使用电缆测试时按仪器要求调整电缆头电压，保证仪器正常工作。

7. 注水井水表水量与井下流量计测试水量不符，地面水表故障有什么现象？故障原因有哪些？如何处理？

故障现象：

水表水量与井下流量计测试全井水量误差超过允许误差范围。

故障原因：

（1）注入水水质脏污，造成水表运转时，下部翼轮卡阻、损坏、转动不灵活，导致水表水量与井下流量计水量不符。

（2）水质不合格，有油污，污物堵塞翼轮盒下部，过流面积变小，流速加快，水表翼轮转速加快，导致水表水量高于井下流量计水量。

（3）水表下部未安装密封胶垫，部分流体从翼轮盒外部注入井下，导致水表水量低于井下流量计水量。

（4）水表上部计数器齿轮发卡，导致水表计数不准确。

（5）水表下部直管段管线结垢，直径变小，流经水表的流体流速加快，导致水表水量高于井下流量计水量。

（6）水表未按时检定，造成水表与井下流量计水量误差过大。

（7）注入量与水表量程不匹配，导致水表水量与井下流量计水量不符。

处理方法：

（1）改善注入水水质，冲洗注水干线。

（2）卸下水表，清除污物，如水表损坏应及时更换。

（3）换水表时，一定要安装密封胶垫。

（4）更换水表上部计数器齿轮。

（5）清除水表壳体污垢，更换下部管线。

（6）按时检定水表，避免计量误差。

（7）选择量程合适的水表，临时放大水量时，不要超过水表量程。

8. 注水井水表水量与井下流量计测试水量不符，地面流程故障有什么现象？故障原因有哪些？如何处理？

故障现象：

水表水量与井下流量计测试全井水量误差超过允许误差范围。

故障原因：

（1）水表至井口段地面管线有漏失，导致水表水量高于井下流量计水量。

（2）测试堵头溢流量过大，导致水表水量高于井下流量计水量。

（3）注水井套管阀不严，部分水经套管阀注入井下，导致水表水量高于井下流量计水量。

处理方法：

（1）关井泄压后对漏点进行补焊。

（2）测试堵头溢流量过大应及时更换堵头密封填料。

（3）检查并关闭套管阀，套管阀关不严应及时维修更换。

9. 注水井水表水量与井下流量计测试水量不符，测试仪器故障有什么现象？故障原因有哪些？如何处理？

故障现象：

水表水量与井下流量计测试全井水量误差超过允许误差

范围。

故障原因：

（1）井下流量计未按时检定，导致测试水量与注水井水表水量误差过大。

（2）井下流量计探头上有油污，导致测试水量低于注水井水表水量。

（3）井下流量计扶正器损坏，测试仪器偏离井筒中心位置，导致测试水量不准确。

（4）井下流量计电池电压过低或使用电缆测试时电缆头电压过低，导致测试水量不准确。

处理方法：

（1）按时检定井下流量计，发现问题及时送检。

（2）井下流量计下井前应清除流量计探头上的油污，注水井井下管柱油污过多时，应洗井后再测试。

（3）维修更换井下流量计扶正器，保证仪器处于井筒中心。

（4）测试前检查电池电压，使用电缆测试时按仪器要求调整电缆头电压，保证仪器正常工作。

10. 注水井水表水量与井下流量计测试水量不符，井下管柱故障有什么现象？故障原因有哪些？如何处理？

故障现象：

水表水量与井下流量计测试全井水量误差超过允许误差范围。

故障原因：

（1）井下管柱结垢严重，直径变小，导致井下流量计测试流量增大。

（2）井内油管头漏失，部分水从套管注入，导致注水井水表水量高于井下流量计测试水量。

（3）偏一层位停测位置到井口处管柱有漏失，导致井下流量计测试水量低于注水井水表水量。

（4）水表未定期校验，读数超差；井下流量计未定期校验，测量值超差。

处理方法：

（1）作业清理管柱或换管。

（2）更换法兰处钢圈或油管头。

（3）利用吊测法查找漏点，作业更换漏失管柱。

（4）定期校验水表，定期校验流量计。

11. 测试时因操作不当导致水表水量与流量计水量不符故障有什么现象？故障原因有哪些？如何处理？

故障现象：

水表水量与井下流量计测试全井水量误差超过允许误差范围。

故障原因：

（1）调整水量后，稳定时间不足，仪器下井后进行流量测试时，水量发生变化。

（2）非集流式测试时，停测位置不当，导致测试水量与注水井水表水量不符。

（3）非集流式测试停测时，刹车未刹死出现溜车现象，导致测试水量低于注水井水表水量。

（4）集流式测试时，密封圈或皮碗尺寸不合适或损坏，仪器上部加重不足未坐严，导致测试水量低于水表水量。

处理方法：

（1）调整水量后应稳定注水 20min 再进行测试。

（2）采用非集流流量计测试时，应避开封隔器等工具位置。

（3）采用非集流流量计测试时，应将刹车刹死，避免出现溜车现象。

（4）采用集流式测试时，调整密封圈或皮碗过盈尺寸，若有损坏应及时更换，加重后应在地面进行试验，保证密封皮碗充分坐封。

12. 注水井测试阀常见故障有什么现象？故障原因有哪些？如何处理？

故障现象：

（1）阀门无法打开。

（2）阀门无法关闭。

（3）阀门关不严。

（4）阀门丝杠处漏水。

（5）阀门压盖处漏水。

故障原因：

（1）阀门长时间未加注润滑油，轴承缺油损坏，致使阀门锈死无法打开。

（2）阀门闸板与丝杠脱离，开阀门时，丝杠动而闸板不动，导致测试阀无法打开。

（3）操作过猛或铜套质量问题，导致铜套断裂，测试阀打开后无法关闭。

（4）闸板或阀体密封圈损坏；闸板槽有杂质造成闸板关闭不严。

（5）阀门丝杠密封圈损坏，导致注入水从丝杠处漏出。

（6）阀门压盖安装偏斜，压盖开裂或压盖密封圈损坏，导致注入水从压盖处漏出。

处理方法：

（1）更换阀门压力轴承，定期加注润滑油。

（2）维修更换测试阀。

（3）更换新的铜套子，上紧压盖。

（4）关井放空，清除闸板槽内的杂质；维修更换阀门。

（5）更换丝杠密封圈。

（6）发现阀门压盖偏斜、开裂应停止使用，立即更换；压盖密封圈损坏时，更换压盖密封圈。

13. 分层注水井封隔器失效故障有什么现象？故障原因有哪些？如何处理？

故障现象：

（1）油压降低，注水量增大。

（2）同位素测井资料显示有水流通过封隔器位置。

（3）验封测试资料显示地层压力随油管压力变化而变化。

（4）流量计测试显示某层没有吸水量，调换水嘴无法调配合格。

故障原因：

（1）作业修井后，封隔器未释放开，无法起到封隔作用。

（2）封隔器胶皮筒破裂，导致封隔器失效。

（3）井下管柱变形导致封隔器失效。

（4）作业时，管柱下入位置不准确，封隔器卡封在油层位置，失去密封作用。

（5）套管阀不严或油管密封头漏失，导致封隔器失效。

（6）可洗井封隔器洗井后压差小，洗井阀未完全关闭。

处理方法：

（1）所有配水器中投入死水嘴，重新释放封隔器，再次验封测试。

（2）作业更换封隔器。

（3）修井作业后，重新释放封隔器。

（4）重新作业下入管柱。

（5）关闭套管阀或更换油管密封头。

（6）洗井后提高油管注水压力，确保洗井阀完全关闭。

14. 分层注水井测试过程中井下水嘴堵塞故障有什么现象？故障原因有哪些？如何处理？

故障现象：

（1）油压升高，全井注入量减少。

（2）流量测试时有非停注层段没有吸水显示或吸水较少。

（3）流量测试曲线后压比前压高，超过允许误差范围。

故障原因：

（1）地面注水管线结垢或分层注水井水质不合格导致水嘴堵塞。

（2）地面更换注水管线或水表时，脏物进入注水管线注入井下堵塞水嘴。

（3）测试时，下井仪器工具未清理，携带脏物进入井内堵塞水嘴。

（4）井下管柱结垢，测试起下仪器过程中垢片掉落堵塞水嘴。

处理方法：

（1）冲洗或更换地面注水管线，改善注水井水质。

（2）拔出井下水嘴，清除堵塞。

（3）做好仪器工具下井前的检查与清理工作。

（4）下工具清理管柱并洗井，井下管柱结垢严重时，应及时更换。

15. 分层注水井偏心堵塞器投不进去故障有什么现象？故障原因有哪些？如何处理？

故障现象：

（1）投送堵塞器时，仪器坐入工作筒，地面压力、水量没有变化，上提仪器时，负荷变化不明显，起出仪器偏心堵塞器未投送成功或掉入投捞器防落袋内。

（2）投送堵塞器时，仪器在工作筒位置坐不住，无法进行投送。

（3）所投送堵塞器底部滤网有硬物形成的痕迹。

故障原因：

（1）偏心堵塞器 O 形密封圈过盈量大；偏心堵塞器加工不规则或弯曲变形。

（2）偏心孔内有泥沙、铁锈等脏物；偏心工作筒内有堵塞器；配水器导向槽口与偏心孔位置不对应，偏心工作筒加工不规则。

（3）投捞器投捞爪张开角度不合适或投捞爪弹簧太软。

（4）投捞爪、导向爪支撑弹簧损坏或锁轮损坏、卡死，致使投捞爪或导向爪张不开。

（5）投捞器下放速度过快，操作不平稳，堵塞器中途碰掉。

处理方法：

（1）调整堵塞器 O 形密封圈过盈量至合适；更换合格的偏心堵塞器。

（2）大排量洗井后重新投堵塞器；打印铅膜验证后，将原有的堵塞器捞出；作业更换偏心工作筒。

（3）调整投捞器投捞爪的角度，更换投捞爪的弹簧。

（4）更换支撑弹簧或锁轮后重新打捞，加强仪器、工具下井前的检查，保证其灵活好用。

（5）堵塞器下放速度不要过快，操作要平稳。

（6）采取以上措施无效时应上报作业处理。

16. 分层注水井偏心堵塞器打捞杆弯曲故障有什么现象？故障原因有哪些？如何处理？

故障现象：

（1）打捞堵塞器失败，打捞头底部有硬物形成的痕迹。

（2）打捞杆在铅模上的痕迹不居中且偏向一侧。

故障原因：

（1）投捞井下堵塞器时，下放仪器过猛，造成偏心堵塞器打捞杆弯曲。

（2）投捞器投捞爪角度不合适，无法对正堵塞器打捞杆，造成偏心堵塞器打捞杆弯曲。

处理方法：

（1）打印铅模时，一般应打印两次，投捞器过工作筒后上提不要过高，不要猛下，以免造成铅模无法辨认。

（2）根据铅模判断打捞杆弯曲方向及弯曲程度，采用合适的偏孔打捞头等工具下井打捞。投捞器过工作筒后上提不要过高，不要猛下，投捞器坐在工作筒上后，可采用人力压钢丝的方法，以免加重打捞杆弯曲程度。

（3）使用扶正转向工具时，一定要按铅模所探方向分左、右方向使用不同工具，不能装错。

17. 分层注水井投捞器捞到偏心堵塞器但拔不动故障有什么现象？故障原因有哪些？如何处理？

故障现象：

投捞器坐入工作筒，上提投捞器时，指重器负荷急剧增加，不能上提，卡于工作筒内。

故障原因：

（1）偏心堵塞器 O 形密封圈过盈量太大，使仪器卡住。

（2）偏心堵塞器在井下时间过长，造成腐蚀生锈，与偏心孔成为一体。

（3）偏心堵塞器凸轮失灵。

（4）偏心孔内有泥沙等杂物，将堵塞器卡死。

（5）偏心堵塞器或偏心孔加工不规则，有毛刺、变形等质量问题。

处理方法：

（1）若捞住后拔不出来，可采用手摇绞车活动钢丝反复振荡的办法来处理。如采用以上办法仍不能将偏心堵塞器捞出或使投捞器脱卡，可将钢丝在投捞器绳帽处拔断，改用较粗的钢丝或钢丝绳下入打捞器进行打捞，也可反洗井后再捞。

（2）如采用以上办法仍然无效，采取作业的办法来解决。

（3）加强下井工具的质量检查。

18. 分层注水井投捞器捞不到偏心堵塞器故障有什么现象？故障原因有哪些？如何处理？

故障现象：

（1）打捞偏心堵塞器时，仪器坐入工作筒，上提投捞器，指重装置负荷没有明显变化，井口压力和水量无变化，仪器起出后未捞到偏心堵塞器。

（2）打捞偏心堵塞器时，仪器在工作筒内坐不住，无法打捞。

故障原因：

（1）投捞器投捞爪张开角度不合适。

（2）工作筒内腐蚀严重，偏心堵塞器上部有铁锈、泥沙等脏物使投捞爪抓不住堵塞器打捞头；工作筒质量有问题，导向体开口槽与偏心孔不同心。

（3）投捞爪、导向爪的支撑弹簧损坏或锁轮损坏、卡死，致使投捞爪或导向爪不张开。

（4）投捞器打捞头卡瓦损坏或组装不合格，导致投捞器无法卡住堵塞器的伞帽打捞头。

（5）偏心堵塞器的打捞杆弯曲、腐蚀或断裂。

（6）所捞层无堵塞器。

处理方法：

（1）调整投捞器投捞爪角度至合适。

（2）大排量洗井后，再进行打捞；工作筒有问题时，修井作业解决，并加强工具下井前的检查。

（3）更换支撑弹簧或锁轮后重新打捞；加强仪器、工具下井前的检查，保证灵活好用。

（4）更换合格的打捞头。

（5）用专用打捞头进行打捞。

（6）打印铅模，验证工作筒内是否有堵塞器。

19. 注水井挡球漏失故障有什么现象？故障原因有哪些？如何处理？

故障现象：

注水量上升，压力下降，用井下流量计在接近挡球附近能测出流量。

故障原因：

（1）有泥沙或死油，使挡球坐封不严。

（2）挡球或球座磨损或腐蚀。

处理方法：

进行大排量洗井。若洗井仍无效果，交作业队处理。

20. 存储式井下超声波流量计测试时常见仪器故障有什么现象？故障原因有哪些？如何处理？

故障现象：

（1）回放测试卡片，只测出压力而未测出流量。

（2）回放测试卡片，只有流量台阶而未测出压力。

（3）回放测试卡片，测试资料未测完全。

（4）井下流量计测试数据异常。

故障原因：

（1）流量探头损坏。

（2）压力传感器损坏。

（3）测试过程中电池接触不良或没电。

（4）流量计停测位置不合适或测试过程因操作不当造成流量计损坏。

处理方法：

（1）检查更换流量探头。

（2）检查更换压力传感器。

（3）测试前应检查电池接触良好并保证电池电量充足。

（4）每次吊测一定要注意避让开封隔器和配水器。测试过程中，仪器起下操作要平稳，避免仪器损坏。

21. 存储式井下超声波流量计回放测试数据时常见故障有什么现象？故障原因有哪些？如何处理？

故障现象：

（1）数据回放不出来。

（2）打开电源回放仪没有显示。

故障原因：

（1）通信电缆断开或虚接。

（2）通信电缆与测试仪器或回放仪通信端口接触不良。

（3）回放仪电池电量不足，无法回放。

（4）回放仪电源开关失灵，回放仪有故障。

处理方法：

（1）维修或更换通信电缆。

（2）检查回放仪及仪器通信端口，如有故障及时维修或更换。

（3）回放仪亏电，应及时充电。

（4）检修回放仪，更换开关。

22. 联动测试时电流变大故障有什么现象？故障原因有哪些？如何处理？

故障现象：

正常测试时地面控制箱电流表示值超出正常范围，同时控制箱发出过载报警。

故障原因：

（1）电缆头进水，造成短路。

（2）电缆质量原因或者电缆绝缘破坏，造成短路。

（3）绞车电缆滑环接头短路。

（4）井底堵塞器调不动。

（5）井下测调仪有故障。

处理方法：

（1）排除电缆头进水故障，重新连接电缆头。

（2）更换质量合格的电缆，或找出电缆短路点、绝缘破坏处，视情况切除或更换电缆。

（3）检查滑环接头，找出故障点排除。

（4）打捞出堵塞器，更换合格的堵塞器。

（5）如果测调仪有故障，更换测调仪。

（6）处理完毕后断开地面系统和缆芯的连接，测量电缆头端供电缆芯的通断与绝缘，确保完好再进行施工。

23.联动测试时井下可调堵塞器调整后水量无变化故障有什么现象？故障原因有哪些？如何处理？

故障现象：

联动测试时对可调堵塞器进行反复调整后，水量没有明显变化。

故障原因：

（1）可调堵塞器损坏或卡死。

（2）联动测试仪电动机损坏或机械调节臂传动部件磨损、卡死，导致调整时层段流量无变化。

（3）联动测试仪传动离合器齿轮啮合处油污过多或磨损严重，导致调整时出现打滑、跳动无法完成调整。

（4）测调仪加重不够或可调堵塞器调节接头内有脏物，造成调节头和可调堵塞器结合不紧密。

处理方法：

（1）如是可调堵塞器损坏需要更换后再进行调配。

（2）将测调仪起出，在地面修理好机械调节臂，进行试调后再下入井进行调配。

（3）起出联动测试仪，检查清洗离合器部件，若齿轮磨损严重，应及时更换。

（4）调节头与可调堵塞器结合不好，可适当加重或洗井后重新调配；若仍不能解决时，应进行投捞更换可调堵塞器。

24. 注水井联动测调仪常见故障有什么现象？故障原因有哪些？如何处理？

故障现象：

地面计算机发出操作指令后，井下仪不工作，地面控制箱显示电流值增大或无电流。

故障原因：

（1）密封圈失效或密封胶带密封不严，致使电缆头进水。

（2）测试时电流超出电动机的工作电流，致使电动机损坏。

（3）井底太脏，调节臂内部零件有损坏或内部污垢过多。

（4）各传感器出现故障或仪器内部集成电路板有损坏。

（5）导向锁块或弹簧出现故障。

（6）各连接部位有接触不好或者虚接的地方。

处理方法：

（1）检查更换不合格的密封圈。

（2）找出电流过大的原因，排除故障。

（3）拆卸调节臂，清洗各个零件，更换损坏的零件。

（4）检查维修测调仪各个部件，维修后需要重新标定才能使用，如不能使用则更换。

（5）更换导向锁块或弹簧。

（6）找出各连接部位接触不好或者虚接的地方，排除故障。

25. 存储式井下流量计地面回放仪打印机常见故障有什么现象？故障原因有哪些？如何处理？

故障现象：

（1）回放仪执行打印操作时，打印机不工作。

（2）打印测试卡片时，打印纸不能自动卷出或打印一部分就停止。

（3）打印机打印后记录纸上字迹不清晰。

故障原因：

（1）打印机连接排线松脱或回放仪亏电。

（2）打印机驱纸胶筒有污物；驱纸机构传动齿轮有卡阻或损坏；打印纸未安装好。

（3）打印机色带缺墨或色带损坏。

处理方法：

（1）检查打印机连接排线，重新插接；回放仪亏电时，应及时充电。

（2）检查驱纸机构；清洁驱纸胶筒；重新安装打印纸。

（3）缺墨时，应向色带加入墨水；色带损坏及时更换。

26. 分层注水井验封密封段常见故障有什么现象？故障原因有哪些？如何处理？

故障现象：

（1）密封段起至地面时胶筒破损。

（2）验封压力计测试曲线异常。

（3）密封段在配水器位置坐不住或坐住起不动。

故障原因：

（1）验封密封段胶筒过盈尺寸调整过大，起下坐封过程中被井下工具刮漏。

（2）验封密封段胶筒过盈尺寸调整过小，无法实现密封。

（3）与验封压力计连接部分密封圈损坏。

（4）验封密封段进压孔堵塞。

（5）验封密封段定位爪失效，导致无法坐封。

（6）验封密封段胶筒固定挡圈松动，起下坐封过程中被井下工具刮翻。

处理方法：

（1）更换验封密封段胶筒；调整密封段胶筒，拉伸后最大外径应不大于46mm。

（2）在地面靠仪器自重压缩后胶筒最大外径应不小于46.5mm。

（3）检查更换与验封压力计连接部位的密封胶圈。

（4）清理验封密封段进压孔。

（5）下井前应检查定位爪收拢后的释放情况，检查更换定位爪支撑弹簧。

（6）重新安装验封密封段胶筒，上紧胶筒固定挡圈。

27. 活塞式压力计不起压故障有什么现象？故障原因有哪些？如何处理？

故障现象：

进行加压操作时压力无明显变化。

故障原因：

（1）活塞压力计导压管破裂或与阀座连接处开焊。

（2）各控制阀或导压管连接处的垫圈老化或压紧螺母松动。

（3）活塞压力计接头处渗漏。

（4）活塞压力计油杯阀针或阀孔锈蚀损伤。

（5）活塞压力计油杯内压紧螺母松动或密封圈损坏。

（6）活塞压力计手摇泵内皮碗或垫圈磨损严重。

（7）活塞压力计手摇泵内壁磨损或有划痕。

处理方法：

（1）检查并更换破裂导压管，若开焊可补焊，试压后进行使用。

（2）检查并更换老化的密封垫圈，上紧螺母防止泄压。

（3）查找渗漏原因，加放或更换密封圈并拧紧接头。

（4）用油石和研磨砂（膏）等修磨针阀或更换阀针、阀座。

（5）检查油杯内压紧螺母是否松动，如有松动应上紧螺母；更换损坏的密封圈。

（6）更换手摇泵内磨损严重的皮碗或垫圈。

（7）手摇泵内壁出现划痕或磨损时，更换手摇泵。

28. 直读式井下电子压力计常见故障有什么现象？故障原因有哪些？如何处理？

故障现象：

（1）工作不稳定，测量数据紊乱。

（2）数据未写入或未采全。

（3）测试数据超出仪器量程。

（4）井下电子压力计内部进液。

故障原因：

（1）测试井生产状态不稳定，仪器起下操作不平稳。

（2）仪器内部元件损坏。

（3）使用前未根据测试井况选择合适的仪器。

（4）仪器密封圈密封性能不足，仪器连接部位松动。

处理方法：

（1）严格执行操作标准，测试井测试前要稳定生产，仪器起下要保持平稳。

（2）加强仪器的校验，及时更换异常元件，确保仪器下井前工作正常。

（3）针对不同井况选取适当量程、适当存储容量的压力计。

（4）对于常规井，及时更换密封胶圈；对于高温、含硫井更换专用密封胶圈的同时，应改变压力计的密封结构，防止泄漏；紧固仪器连接部位。

29. 存储式井下电子压力计施工中常见故障有什么现象？故障原因有哪些？如何处理？

故障现象：

（1）卸开仪器后，仪器内有水。

（2）录取的数据不完整或未采集数据点。

（3）录取的数据不准确或曲线异常。

（4）录取的压力数值很小或为零，无明显变化。

（5）压力计不通信。

故障原因：

（1）仪器内部密封胶圈密封性不够，连接部位松动。

（2）电池没电或电量不足；电池松动，与仪器接口接触不良。

（3）压力传感器损坏或损伤，无法录取到准确数据。

（4）传压孔堵塞，仪器无法录取井内压力。

（5）压力计通信端口接触不良，通信数据线坏。

处理方法：

（1）更换压力计密封圈，紧固各连接部位。

（2）测压前应保证压力计电池电量充足，并固定电池。

（3）更换或维修电子压力计的传感器后，校验电子压力计。

（4）疏通传压孔，保证其畅通。

（5）维修或更换电子压力计的通信端口及通信数据线。

30. 存储式井下电子压力计通信异常故障有什么现象？故障原因有哪些？如何处理？

故障现象：

仪器通过通信数据线连接时无任何连接显示或者显示连接失败、仪器不在线。

故障原因：

（1）压力计电路板损坏。

（2）通信数据线接口接触不良或通信数据线损坏。

（3）通信设置错误。

处理方法：

（1）维修更换电路板，轻拿轻放，平稳操作，安全运输仪器。

（2）维修更换通信数据线及接口，正确连接通信数据线。

（3）按正确方法设置通信。

31. 综合测试仪常见故障有什么现象？故障原因有哪些？如何处理？

故障现象：

（1）打开载荷位移传感器电源开关，没有蜂鸣音且指示灯无显示。

（2）位移拉线拉不动；拉线有卡阻现象；所测冲程与实际不相符。

（3）测试时综合测试仪测试功能失效，无法继续操作。

（4）测试液面时，击发发声装置后，主机无反应。

（5）打开套管阀时，有漏气现象。

（6）测试液面时曲线不合格。

（7）综合测试仪进行通信时无反应。

故障原因：

（1）载荷位移传感器电源开关损坏，电池没有电，开焊或断线。

（2）位移拉线齿轮掉齿，产生位移漂移大。

（3）测试仪在录取资料过程中，出现死机现象。

（4）微音器连接线断开或微音器损坏。

（5）井口连接器接头螺纹损坏或放气阀损坏，漏气严重。

（6）增益调整不合理，微音器脏污。

（7）因通信电缆或通信端口出现故障，通信失败。

处理方法：

（1）更换电源开关或重新焊接断线。

（2）维修后重新标定。

（3）关机重新开机。

（4）检查微音器连接线，必要时进行修复或更换。

（5）更换接头或放气阀，重新测试。

（6）重新调整增益；清洗微音器室及微音器，如有损坏及时更换。

（7）维修或更换通信电缆或通信端口。

32. 综合测试仪测液面时无信号波故障有什么现象？故障原因有哪些？如何处理？

故障现象：

进入液面测试功能后，井口连接器击发后主机屏幕上无信号波显示。

故障原因：

（1）液面通信线损坏或插头接触不良。

（2）测试仪主机采集板损坏。

（3）微音器内线路断开或微音器损坏。

处理方法：

（1）检查液面通信线是否损坏，如有损坏更换液面通信线。

（2）检查采集板是否损坏，如有损坏更换采集板。

（3）检查维修线路或更换微音器。

33. 综合测试仪载荷不准故障有什么现象？故障原因有哪些？如何处理？

故障现象：

载荷误差大，载荷值时有时无，载荷线性度差。

故障原因：

（1）通道零位和满量程的可调电阻值发生偏移或损坏。

（2）主机上的信号插座内有油污导致接触不良。

（3）信号电缆接触不良。

（4）传感器电路板上的运放、稳压管损坏。

（5）弹性体损坏。

处理方法：

（1）重新调节可调电阻，如损坏应更换。

（2）清洁主机上的信号插座。

（3）维修或更换信号电缆。

（4）更换运放、稳压管。

（5）更换弹性体。

34. 液面自动监测仪常见故障有什么现象？故障原因有哪些？如何处理？

故障现象：

（1）控制仪上电后不显示。

（2）液面测试中出现"无井口波"提示语。

（3）液面井口波杂乱或无接箍波、液面波。

（4）井口波不规则。

（5）液面反射波问题。

（6）通信失败。

故障原因：

（1）电池电压太低。

（2）液面专用信号电缆插头内有断线或短路（地线与信号线短接）；控制仪上插座与信号电缆插头接触不良。

（3）微音器性能降低或损坏。

（4）井口装置或微音器室内被灌油。

（5）井内套压低，液面较深。

（6）通信电缆及插头插座不正常。

处理方法：

（1）及时充电。

（2）及时送修。

（3）及时清理和更换微音器（微音器只能用干布擦，不能用汽油擦）。

（4）定期清理微音器室，更换密封圈。

（5）采取气囊打气的方式进行测试。

（6）使用万用表测量电缆及插头插座的通断，若有损坏及时维修或更换。

35. 注水井落物打捞过程中发生井下工具二次掉卡故障有什么现象？故障原因有哪些？如何处理？

故障现象：

打捞或捞住落物后上起过程中，在经过井下工具或在油管内时出现起不动或者遇阻的情况，绞车钢丝负荷加至较大仍起不动，反复处理无效后将钢丝在绳帽处拉断。

故障原因：

（1）打捞工具选择不当或井下落物状况不明，导致打捞工具在井下遇卡。

（2）打捞卡在油管内的投捞工具串时，没有采取先向下砸的方法，而直接使用打捞工具进行打捞，造成仍然不能解卡，只有再次拔断钢丝产生二次掉卡。

（3）打捞过程中加重重量过大或下放过猛，造成打捞工具或井下落物变形后在井下遇卡。

（4）打捞过程中起仪器速度过快突然遇卡。

（5）打捞过程中防喷管未用绷绳固定或未使用地滑轮，拔断防喷管，导致井口处钢丝拉断。

（6）井下落物卡死，打捞时绞车拉力控制不当，造成打捞工具掉落。

（7）打捞过程中，放空泄压过猛，造成打捞工具或井下落物窜入钢丝内卡死在油管中。

（8）在打捞带有长钢丝落物时，计算有误差或操作错误，没有在钢丝头位置进行打捞，而是在钢丝中部或底部进行打捞，造成打捞矛上部钢丝团过大，卡死在油管内。

处理方法：

（1）注水井打捞井下落物前应组织相关人员分析故障原因，了解落物井生产状况及井下管柱结构。核实井下落物结构及外形特征，选择合适的打捞工具（必须绘制草图，注明尺寸）。

（2）打捞卡在油管内的投捞工具串时，应采取先向下砸再下井打捞的方法。

（3）在打捞过程中，如果一次或多次未捞上，不要一味猛顿，防止损坏鱼顶形状，给下次打捞造成困难。

（4）在打捞落物过程中，无论打捞何种落物，下放和上提速度都应缓慢、平稳，不能猛刹、猛放。

（5）打捞时，如需使用防喷管，应使用地滑轮减少防喷管所承受的拉力，防喷管过长时应用绷绳加固。

（6）下入的打捞工具遇卡拔不动时，应能脱卡，以便进行下步措施。

（7）打捞过程中需要放空泄压时，人员分工明确，由一人统一指挥，注意控制好泄压速度，回收溢流。

（8）在打捞带有长钢丝落物时，首先要了解井下钢丝长度，每次打捞下入不能过深，确保在钢丝头位置进行打捞，避免形成钢丝团卡死在油管内。

36. 使用井下钩类打捞矛时常见故障有什么现象？故障原因有哪些？如何处理？

故障现象：

（1）打捞矛下不到目的深度，无法打捞。

（2）打捞矛受力变形、损坏导致打捞失败。

（3）打捞矛在目的深度起下时，刮碰不到钢丝或电缆。

故障原因：

（1）选择打捞矛尺寸过大，在井内遇阻。

（2）选择打捞矛尺寸过小，无法刮碰到钢丝或电缆。

（3）制作打捞矛时，材料选择不当，钩齿受力变形，打捞失败。

（4）打捞矛钩齿焊接不牢固，在打捞过程中，受力断裂造成打捞失败。

（5）打捞矛钩齿焊接角度或钩齿尖角不合适，在井下无法与落物上的钢丝或电缆形成有效缠绕。

（6）打捞矛放入防喷管或下入井内时，速度过快，导致打捞矛变形，无法打捞。

处理方法：

（1）选择打捞矛尺寸时，应考虑到下入深度的管柱直径及绳类落物直径，打捞矛要能顺利起下，并能与井下绳类物形成有效缠绕。

（2）自制打捞矛时，所选材料的直径、弹性、强度应能满足打捞要求。

（3）打捞矛下井前，应对焊接部件及螺纹连接部位进行检查，防止二次掉落事故的发生。

（4）自制焊接打捞矛时，钩齿的尖角应为30°，钩齿与主体角度也应保持30°为宜。

（5）打捞矛放入防喷管或下入井内时，应缓慢，防止钩齿变形。

37. 仪器掉井后，打捞落物过程中常见故障有什么现象？故障原因有哪些？如何处理？

故障现象：

打捞落物过程中，工具遇卡，上提时钢丝拉断、打捞工具脱扣或在井口撞断，造成测试工具、仪器掉入井内。

故障原因：

（1）钢丝质量有问题，钢丝有砂眼、裂痕、硬伤痕或长期磨损；钢丝跳槽等原因造成钢丝拉断，致使打捞工具掉入井内。

（2）转速表不转或跳字造成计量深度不准而撞击堵头，使打捞工具掉入井内。

（3）仪器、工具的连接部位未上紧，钢丝绳结制作不合格，在绳帽内不能灵活转动，造成打捞工具脱扣掉入井内。

（4）打捞工具焊接不牢固，落物卡得太死，抓住落物后上起时脱焊，造成打捞失败。

（5）螺纹类落物打捞时，打捞矛与鱼顶咬合过浅，上提时速度过快，产生震动，中途脱落。

（6）钢丝类打捞矛下探过深，上部形成钢丝团过大，落物卡死在油管内。

（7）负荷过重，未安装地滑轮，造成滑轮或防喷管折断从而拉断钢丝。

处理方法：

（1）定期检查钢丝质量，不能有砂眼、裂痕、硬伤痕或严重磨损；起下钢丝一定要平稳，防止钢丝跳槽；调整滑轮与堵头，使之同心。

（2）经常检查及维修转速表，如有故障及时维修或更换。

（3）测试仪器、工具各连接部位一定要紧固，制作钢丝绳结一定要合格，要能在绳帽内灵活转动，防止脱扣事故的发生。

（4）下井前检查打捞工具各部位，防止脱焊造成打捞失败。

（5）打捞螺纹类落物时，上提速度不能过快，防止震动造成中途脱落。

（6）钢丝类打捞矛每次下探不宜过深，防止上部形成较大钢丝团，落物卡死在油管内。

（7）提前安装地滑轮，防止负荷过重造成滑轮或防喷管折断拉断钢丝。

（8）如以上方法不能排除故障，上报作业处理。

38. 使用卡瓦打捞筒打捞井下落物时常见故障有什么现象？故障原因有哪些？如何处理？

故障现象：

（1）卡瓦打捞筒捞不到落物。

（2）捞到落物后拔不动。

（3）起出仪器后，卡瓦筒部件损坏或井下仪器脱扣。

故障原因：

（1）落物被脏物填埋，打捞筒无法接触到落物鱼顶，无法打捞。

（2）落物在井下卡钻严重或管柱变形，振荡器工作力量不足无法解卡。

（3）卡瓦筒与压紧头拉脱、卡瓦片损坏或绳帽从螺纹处拉脱。

（4）卡瓦打捞筒卡片材质过软，无法卡住鱼顶，受力后与鱼顶脱开。

（5）落物鱼顶变形，无法进入打捞筒内部，无法打捞。

处理方法：

（1）采用反洗井的办法将脏物洗出。

（2）卡瓦筒下井前与振荡器连接好，安装合适重量的加重杆，抓住落物后加大冲击力反复振荡，直到解卡为止。

（3）仪器下井前要认真检查并将各连接部位紧固好。

（4）下井前仔细检查卡瓦打捞筒各零部件，确保灵活好用，确保卡片材质硬度合适。

（5）使用扩孔打捞筒或偏口打捞筒等打捞工具尝试使变形鱼顶进入打捞筒内部。

（6）上述方法无效则报作业解决。

39. 测试时仪器螺纹脱扣故障有什么现象？故障原因有哪些？如何处理？

故障现象：

(1) 仪器起下过程中，指重器显示负荷明显降低。

(2) 仪器起出后在螺纹部分脱扣，脱扣位置以下部分仪器掉入井内。

故障原因：

(1) 仪器长时间使用，螺纹之间出现磨损，密封圈破损，各连接部位螺纹未上紧。

(2) 未清理连接螺纹中的污泥、砂粒等，导致仪器螺纹磨损或错扣。

(3) 钢丝绳结在绳帽中转动不灵活，导致仪器退扣。

(4) 新钢丝下井之前未先下井预松扭力。

处理方法：

(1) 下井前检查螺纹磨损情况，各连接部位螺纹要紧固，密封圈有破损现象要及时更换。

(2) 连接前清理检查螺纹，若螺纹有较大磨损或错扣时，应停止使用。

(3) 下井前要检查绳结在绳帽内的转动情况。

(4) 新钢丝下井前一定先下井预松扭力。

40. 打捞仪器螺纹脱扣落物打捞失败故障有什么现象？故障原因有哪些？如何处理？

故障现象：

(1) 打捞工具在落物位置反复打捞，指重器显示负荷无明显变化。

(2) 捞住落物后，上起过程中，指重器显示负荷突然降低。

（3）打捞工具起出后未捞出落物。

故障原因：

（1）螺纹打捞工具与井下落物螺纹扣型不吻合。

（2）螺纹打捞工具加重不足，导致在井下无法与落物对接。

（3）下放过猛，导致井下落物螺纹损坏。

（4）打捞时，上起打捞工具速度过快，产生震动，导致落物掉落。

（5）打捞工具内弹簧过软或过硬，导致卡块失灵无法抓紧落物。

处理方法：

（1）选择与落物螺纹扣型相匹配的螺纹打捞工具，并应在地面试验后方可下井打捞。

（2）适当加重后，重新下井进行打捞。

（3）打捞螺纹脱扣落物时，严禁猛顿、猛放，防止落物螺纹损坏无法打捞。

（4）捞住落物后，上起打捞工具时应控制好速度，防止落物重新掉落。

（5）下井前检查打捞工具内部弹簧弹性，确保满足卡块工作需要。

41. 测试时钢丝从井口滑轮处跳槽故障有什么现象？故障原因有哪些？如何处理？

故障现象：

在仪器上提或下放过程中，钢丝突然松弛从滑轮槽内跳出。

故障原因：

（1）下放速度快，突然遇阻。

（2）下放速度慢，钢丝放得太松。

（3）操作不平稳，导致钢丝猛烈跳动。

（4）滑轮不正，未对准绞车或轮边有缺口。

（5）提仪器前，未去掉密封帽上棉纱等杂物。

（6）滚筒上钢丝排列不整齐或有钢丝弯曲变形，导致钢丝跳动。

（7）测试堵头密封填料过紧或卡住钢丝，绞车下放速度超过钢丝运行速度。

处理方法：

（1）下放速度不宜过快，不要猛加油门。

（2）下放速度慢时，要控制好绞车，钢丝不能太松，更不能拖地。

（3）操作要平稳，保证钢丝稳定运行。

（4）下井前一定要把滑轮对准绞车，滑轮有缺口或轴承损坏要停止使用。

（5）起仪器前一定要去掉密封帽上的棉纱等杂物。

（6）注意观察绞车的工作情况，确保钢丝排列整齐，无弯曲变形。

（7）下井时将堵头密封填料松紧度调整合适。

42. 测试时井下仪器发生卡钻故障有什么现象？故障原因有哪些？如何处理？

故障现象：

仪器在起下过程中，指重器负荷增大，仪器被卡在某一位置处，无法上提和下放。

故障原因：

（1）井内有落物或井内油管断裂造成仪器卡钻。

（2）分层测试井中的水质不好，有脏物，仪器卡在工作筒内。

（3）工作筒有毛刺，工具、仪器螺钉退扣，下井工具不合格。

（4）油井出砂或严重结蜡造成仪器卡钻。

（5）井斜大、仪器长、别劲大，管柱变形。

处理方法：

（1）有落物的井，必须打捞落物后，方可下仪器测试。

（2）仪器在上提或下放过程中如有遇卡现象，不硬拔，不硬下，应勤活动，慢起下。

（3）仪器通过工作筒时速度要缓慢，通过后再用正常的速度起下，若仪器在工作筒内卡住，不硬拔，勤活动，慢上提。

（4）注意检查下井工具、仪器的质量。

（5）起下过程中随时观察指重器的负荷变化。

（6）下放时遇卡起不动时使用振荡器解卡。

（7）上起时遇卡无法上下活动时将钢丝在绳帽处拽抽头，用加重杆下砸，砸下去后用卡瓦进行打捞处理。

43. 测试时发生顶钻故障有什么现象？故障原因有哪些？如何处理？

故障现象：

（1）仪器工具突然快速向上运动，超过钢丝上提速度，指重器负荷减小。

（2）钢丝继续上起，出现指重器负荷增大、上起困难，甚至起不动的情况。

故障原因：

（1）油井全井或分层产量高，压力高，仪器上起速度小于井内液流速度。

（2）油井脱气严重，仪器重量轻。

（3）关井测压时，仪器未起出就开井。

（4）注水井测试处理故障时，放空过猛。

（5）注水井测试时，井口溢流量突然增大，仪器自身重量过轻。

（6）在注水井作业后投捞时，未打开注水流程就开始捞堵塞器，因地层压力较高，易造成顶钻。

处理方法：

（1）油井测试时，不管是下仪器还是起仪器，发现顶钻时，一般都用控制或关闭生产阀的方法来减缓或消除仪器顶钻现象。

（2）若下仪器发现顶钻，一定要绷紧钢丝，将仪器起出加重后再下井。若上起仪器发现顶钻，一定要加快仪器上起速度，来不及时，可用人拉钢丝加速的办法。

（3）测静压时，一定要起完仪器再开井。

（4）注水井处理故障放空时，要缓慢泄压，绞车岗应密切关注钢丝拉力情况，做好随时上起的准备。

（5）注水井测试时，严格控制溢流量，出现突发情况时，加快绞车钢丝上起速度。

（6）作业后投捞时，打开注水流程后再进行堵塞器投捞。

44.测试时造成防喷管拉断故障有什么现象？故障原因有哪些？如何处理？

故障现象：

钢丝承受较大拉力时，防喷管底部螺纹处受力变形，导致防喷管在与井口连接部位螺纹处发生断脱。

故障原因：

（1）防喷管使用时间过长，底部螺纹磨损严重或管身有伤痕等，强度不够，受力拉断。

（2）防喷管过长，未安装地滑轮或未拉绷绳固定防喷管。

（3）上起仪器时，速度过快，突然遇卡导致防喷管拉断。

（4）试井绞车拉力控制不当，遇卡后未及时卸载导致防喷管拉断。

处理方法：

（1）定期检查保养防喷管，严禁使用焊接、底部螺纹磨损严重或有伤痕的防喷管。

（2）使用加长防喷管进行测试时，一定要安装地滑轮并用绷绳加固。

（3）严格控制好仪器上起速度，未出工作筒时控制在60m/min以下，出工作筒后控制在150m/min以下。

（4）上提仪器时，随时观察绞车压力变化情况，若负荷急骤增大应立即卸载。

（5）若防喷管被拉断，应立即关闭井口测试阀，控制井内液体外泄。

45. 测试时录井钢丝拔断掉入井内故障有什么现象？故障原因有哪些？如何处理？

故障现象：

上提仪器时，负荷突然增大后又突然降低，钢丝出现松弛现象，起出后钢丝变短或测试仪器、工具掉入井内。

故障原因：

（1）钢丝质量不好，有砂眼、内伤或死弯等；钢丝使用时间过长，没有及时更换。

（2）绳结打得不合要求，圆环有裂痕或圆环拉出。

（3）钢丝打捞工具下探过深，上部形成钢丝团卡死在油管内。

（4）操作不平稳，仪器通过工作筒时速度过快。

（5）仪器在起下过程中突然遇卡，未及时停车或卸掉负荷。

（6）井下堵塞器长期未更换，出现锈蚀卡死情况，投捞器捞住堵塞器后起不动，需要将钢丝在绳帽处抽头再进行打捞。

处理方法：

（1）定期检查钢丝质量，定期更换测试钢丝。

（2）钢丝绳结必须打结实，严格检查小圆环有无伤痕，如有伤痕应重新打绳结。

（3）打捞钢丝前，要估算出钢丝大概位置，打捞工具下井一定要慢，要逐步加深。

（4）下放、上提时，仪器接近工作筒或在斜井中上提仪器时，速度不超过 60m/min。

（5）捞住落物后，上提速度要慢，操作人员一定要随时注意指重器的变化，负荷突然增加应立即停止上提，防止仪器遇卡产生二次掉落事故。

（6）打捞因堵塞器锈死而钢丝抽头留在井内的投捞器时，需要安装大尺寸振荡器，增加配重进行打捞。如抓住落物反复振荡仍无法起出时，需要上报作业处理。

46. 测试时录井钢丝在井口关断故障有什么现象？故障原因有哪些？如何处理？

故障现象：

钢丝在井口处被阀门闸板关断，钢丝负荷减小，钢丝末端从测试堵头弹出，仪器带有部分钢丝发生掉井事故。

故障原因：

（1）操作人员思想不集中，配合不好，将钢丝关断。

（2）转速表失灵或跳字，仪器没有起到防喷管内，既没有听到声音又未试探闸板而关死阀门，导致钢丝关断。

（3）测试时，井口没有挂牌或把清蜡阀与总阀用钢丝绑住后，试井人员离开。采油工关阀门，把钢丝关断，造成钢丝和仪器落入井内。

（4）未按操作规程要求进行关闭阀门至2/3处后探闸板，错误判断仪器已完全进入防喷管内部而关死阀门，导致钢丝关断。

处理方法：

（1）各岗位密切配合，思想集中，听班长命令方可关闭阀门，用钢丝将井口绑住或挂牌。

（2）仪器起到井口时，一定要先听声音、后试探闸板，确认仪器进入防喷管后，方可关闭阀门。

（3）进行不关井测压或测恢复压力时，一定要与采油工联系交接后方可离开。

（4）严格按操作规程要求先关闭测试阀至2/3处，平稳下放仪器试探闸板两次，听到仪器试探闸板的声音，确认仪器已起入防喷管内后，全部关闭测试阀。

47. 环空测试时造成仪器缠井故障有什么现象？故障原因有哪些？如何处理？

故障现象：

仪器上提过程中，指重器负荷增大，钢丝或电缆绷紧，仪器不能上提。

故障原因：

（1）新钢丝或电缆在使用前未进行放钢丝或放电缆处

理，未减少钢丝或电缆的扭劲。

（2）钢丝绳结制作不合格，仪器随钢丝扭力转动发生缠井故障。

（3）仪器下放时速度过快，扭力未完全卸除；仪器未过导锥时，上起速度过快。

（4）井口段井斜过大，绞车摆放位置与井口井斜方向不一致。

（5）仪器在运动中由于遇阻产生碰撞，在环形空间来回跳动，形成仪器缠绕。

处理方法：

（1）新钢丝或电缆在使用前进行放钢丝或放电缆处理，减少钢丝或电缆的扭力。

（2）制作合格的钢丝绳结，避免仪器随钢丝扭力转动发生缠井故障。

（3）控制仪器下放时速度，完全卸除扭力；仪器过导锥时，慢速上起仪器。

（4）根据井口井斜方向摆放绞车。

（5）匀速起下仪器，防止仪器在运动中产生碰撞。

48. 打捞带有钢丝落物时的故障有什么现象？故障原因有哪些？如何处理？

故障现象：

（1）仪器下井过程中，负荷突然变轻。

（2）打捞矛下井抓住钢丝后，上提遇阻或无法上提。

（3）打捞矛抓住钢丝后，上提一段距离后负荷突然变轻。

故障原因：

（1）打捞工具未连接紧固或新钢丝未下井松扭力，造成打捞工具脱扣掉入井内。

（2）打捞工具下放太深，造成井下钢丝成团过大，与管壁间阻力过大。

（3）打捞矛的钩、齿与钢丝未挂牢靠，上提时钢丝脱落又掉入井内。

处理方法：

（1）打捞工具下井前要连接紧固，新钢丝要先下井松扭力。

（2）打捞钢丝前，要估算出钢丝的大概位置，打捞工具下井一定要慢，要逐步加深。

（3）捞住钢丝后要反复压钢丝，让打捞工具抓紧钢丝。

49.电泵井测压阀堵塞常见故障有什么现象？故障原因有哪些？如何处理？

故障现象：

起出仪器、回放曲线时，曲线无明显压差变化，电泵井测压阀堵塞。

故障分析：

（1）清蜡制度不合理，油管壁结蜡严重。

（2）刚清完蜡就测试；或清蜡不彻底，刮下的蜡块还悬浮在井筒中，仪器下行时蜡块挤入测压阀堵塞传压孔。

（3）井底出砂，井内有胶皮等杂物堵塞测压阀。

处理方法：

（1）测试前应清蜡。

（2）清蜡后停留足够时间再测试。

（3）对井进行热洗。

50.测试绞车机械计数器失灵故障有什么现象？故障原因有哪些？如何处理？

故障现象：

绞车起下过程中，机械计数器的表盘不转动，无法准确显示深度数据。

故障原因：

(1) 计数器传动软轴断或连接不牢固。

(2) 机械计数器清零后，清零按钮未复位。

(3) 机械计数器内齿轮损坏或卡死。

处理方法：

(1) 检查传动软轴连接情况，若有断股及时更换。

(2) 重新清零，并按测试仪器下入深度重新设置。

(3) 机械计数器内齿轮损坏或卡死时，更换计数器。

51. 测试时计数装置突然失灵故障有什么现象？故障原因哪些？如何处理？

故障现象：

测试过程中，计数器出现跳字、卡字或停止计数的现象。

故障原因：

(1) 计数器传动软轴断裂或连接不牢固。

(2) 计量轮轴承损坏，导致计量轮不能转动。

(3) 冬季施工时，绞车温度过低造成计量轮冰卡或打滑等。

(4) 机械计数器内齿轮损坏或卡死；电子计数器线路故障造成断电。

处理方法：

(1) 更换计数器传动软轴或紧固连接。

(2) 更换损坏的轴承。

(3) 起下过程中及时清理计量轮上的结冰。

(4) 维修或更换机械计数器、电子计数器。

52.测试时录井钢丝从计量轮处跳槽故障有什么现象？故障原因有哪些？如何处理？

故障现象：

在仪器下放过程中，钢丝突然松弛从计量轮槽内跳出，计数器不工作。

故障原因：

（1）仪器下放速度快，突然遇阻，导致录井钢丝从计量轮处跳槽。

（2）下仪器过程中录井钢丝绷得不紧，突然遇阻，未及时将刹车刹住。

（3）录井钢丝在绞车滚筒上缠绕过松，出现弯曲。

（4）测试绞车与井口未对正，别劲大，使录井钢丝从计量轮处跳槽。

（5）压紧轮和计量轮咬合不适宜或未将钢丝压紧等，导致录井钢丝从计量轮处跳槽。

处理方法：

（1）下放钢丝时一定要平稳操作，控制好刹车。

（2）发现跳槽后，应继续下放钢丝，不许刹车。

（3）一人立即紧死堵头密封填料，另一人拉住钢丝，将钢丝扶入量轮槽内，查明跳槽原因后再起下仪器。

（4）若是压紧轮问题，应调整或更换压紧轮，使之与计量轮咬合紧密。

53.联动测试液压电缆绞车常见故障有什么现象？故障原因有哪些？如何处理？

故障现象：

（1）拉动操作手柄，控制压力不发生变化。

（2）液压马达转速低。

（3）系统噪声过高。

（4）液压油内有泡沫或气泡。

（5）液压油呈现白色或乳白色。

（6）油量过大，升温过快。

故障原因：

（1）油箱开关未打开或滤油器堵塞。

（2）液压马达或液压泵磨损严重，造成容积效率下降；溢流阀及其他元件失灵，内泄过大。

（3）螺栓松动或系统内存有空气。

（4）吸油管内进入空气。

（5）液压油内有水。

（6）溢流阀损坏，自动卸载造成泵及马达内泄大。

处理方法：

（1）检查油箱阀门和滤油器，打开开关或疏通滤油器。

（2）检查液压泵、液压马达、溢流阀等，发现问题及时修理。

（3）检查液压油箱的气泡，旋紧管连接；检查过滤器顶盖上的密封圈否完好；检查马达固定螺栓并紧固。

（4）检查旋紧吸油管接头。

（5）更换新的液压油。

（6）自动卸载时，应检查更换溢流阀。

54. 联动测试车载逆变电源常见故障有什么现象？故障原因有哪些？如何处理？

故障现象：

（1）输出电压不稳定。

（2）打开电源开关无反应。

（3）逆变电源工作时，时断时续。

故障原因：

（1）逆变电源稳压功能不正常。

（2）电源开关接触不良或损坏。

（3）车辆颠簸造成接线柱松动。

处理方法：

（1）更换逆变电源稳压器。

（2）重新连接电源开关或更换电源开关。

（3）定期检查接线柱，如有松动及时紧固。

55.试井绞车盘丝机构运转不正常故障有什么现象？故障原因有哪些？如何处理？

故障现象：

排丝器不工作，电缆或钢丝排列不整齐。

故障原因：

（1）滑块卡住或损坏。

（2）丝杠停止转动或损坏。

（3）转动齿轮故障使丝杠停止运动。

（4）钢丝排列不整齐，偏向一侧。

处理方法：

（1）更换滑块。

（2）检查更换丝杠。

（3）检查更换转动齿轮。

（4）调整丝杠及滑杠与支架的间隙，调整计量轮支架位置，使钢丝排列整齐。

56.试井绞车刹车失灵故障有什么现象？故障原因有哪些？如何处理？

故障现象：

拉住绞车刹车后，绞车无法停止运动，钢丝仍旧下放。

故障原因：

(1) 刹车带断裂、变形、脱铆。

(2) 刹车带有油污或刹车带磨平、间隙大。

(3) 刹车带固定螺栓脱落。

(4) 刹车连杆没调整好。

(5) 刹车联动杆断裂或螺钉脱落。

处理方法：

(1) 更换刹车带。

(2) 清洁、调整、更换刹车带。

(3) 上紧固定螺栓。

(4) 调整好刹车连杆。

(5) 更换刹车联动杆或上紧螺钉。

57. 试井绞车液压系统无动力输出故障有什么现象？故障原因有哪些？如何处理？

故障现象：

液压加压后绞车无动力或动力不足，滚筒无法运动。

故障原因：

(1) 液压油箱液位超出规定范围，油质过稀或含水。

(2) 油箱开关未全部打开；液压管线有渗漏现象。

(3) 取力器未处于挂合状态；油泵未转动并且压力表没有指示。

(4) 调节阀位置不正确，调压阀无效或调节过低；液压马达发生故障。

处理方法：

(1) 补充或更换液压油。

(2) 将油箱开关完全打开；更换液压管线。

(3) 将取力器调整至挂合状态；修理或更换油泵及压力表。

（4）将调节阀调整至正确位置；修理或更换液压马达。

58. 液压试井绞车运转时振动噪声大、压力失常故障有什么现象？故障原因有哪些？如何处理？

故障现象：

液压绞车运转时不平稳，产生的振动噪声明显增大，压力异常。

故障原因：

（1）油箱液面过低；油箱透气孔堵塞。

（2）油泵轴漏气；吸入管或接头漏气；系统内有空气。

（3）吸入滤清器堵塞；油温过高产生蒸气或油温过低。

（4）油泵磨损或损坏。

（5）试井绞车液压马达固定螺栓松动。

处理方法：

（1）检查用油是否正确，加油或换油；对油箱透气孔进行清洗。

（2）更换密封环；紧固接头或更换新管；排尽系统内气体。

（3）清洗或更换吸入滤清器；降低或升高油温。

（4）如油泵损坏应更换。

（5）检查紧固液压马达固定螺栓。

59. 液压试井绞车马达转速偏低故障有什么现象？故障原因有哪些？如何处理？

故障现象：

液压绞车启动后，通过挂挡加压操作无法使绞车快速运转。

故障原因：

（1）液压泵或马达磨损严重，造成容积效率下降。

（2）溢流阀及其元件失灵，内泄过大。

（3）压力调节阀控制过小。

处理方法：

（1）检查液压泵及液压马达，更换磨损部件。

（2）维修更换溢流阀。

（3）重新调整压力调节阀。

60. 液压试井绞车气动系统常见故障有什么现象？故障原因有哪些？如何处理？

故障现象：

操作气动控制切换阀时，气缸无动作或动作过小，绞车无法正常工作。

故障原因：

（1）试井绞车储气筒有冻堵或储气筒定压阀损坏，造成压力过低。

（2）气动控制切换阀损坏或密封件漏气。

（3）气动系统密封件或连接管线有漏气现象。

（4）气缸活塞行程过小。

处理方法：

（1）更换定压阀，清除冻堵，储气筒应定期排水，防止冻堵。

（2）维修更换气动阀。

（3）检查气动管线，更换密封件后，重新紧固。

（4）调整气缸活塞行程。

61. 影响测试的抽油机井常见故障有什么现象？故障原因有哪些？如何处理？

故障现象：

抽油机电路、设备或深井泵存在问题而无法进行正常测试。

故障原因：

（1）井筒内壁结蜡；砂卡或衬套乱。

（2）抽油杆的韧度不够或使用时间过长；抽油杆存在质量问题。

（3）驴头顶丝缺失或松动；驴头有落物落下。

（4）悬绳器脱离抽油杆；悬绳器有电火花。

（5）长时间使用经常大负荷工作造成卡子松动；卡子没有紧固好。

（6）毛辫子使用时间过长或毛辫子出槽，造成毛辫子断股没有及时更换；悬绳器无销子。

（7）配电箱内的电路部分老化或有松动，使用时产生弧光或火球伤人。

（8）刹车不灵活或无刹车；连杆硬度不够或刹车手柄无法固定。

处理方法：

（1）采用热洗的方法解除井壁结蜡的现象，采用作业的方法解决砂卡及衬套乱故障。

（2）选择质量合格的抽油杆，抽油杆使用一定时间后要及时更换。

（3）安装驴头顶丝并紧固好，安装完驴头后检查驴头内有无异物或工具。

（4）悬绳器上安装挡板并上紧；检查配电箱内是否有外接电，并查看有无接地线。

（5）经常检查卡子是否松动，如有松动应及时紧固。

（6）检查毛辫子是否有断股现象，如有应及时更换；给悬绳器安装销子，防止毛辫子出槽。

（7）经常检查电路是否松动或老化，如有松动或老化应及时紧固或更换。

（8）采用质量合格的刹车杆，经常对刹车进行保养，如果刹车有故障应及时修理。

62. 抽油机井测试动液面资料不合格故障有什么现象？故障原因有哪些？如何处理？

故障现象：

（1）测试液面时，有干扰波，无法分辨出液面波位置。

（2）测试液面操作时，有自激现象出现。

（3）井口波杂乱，峰值过高。

（4）液面曲线长度不足，未测出二次波。

（5）液面曲线上未测出液面波。

（6）液面曲线上只有井口波，其余部分均为直线。

故障原因：

（1）仪器本身问题或井筒不干净。

（2）井口振动或有漏气现象；灵敏度调节不当；仪器性能不稳定等。

（3）灵敏度挡位调节过大；套管阀没开到位。

（4）测试等待时间短，未测到反射波，关机过早。

（5）灵敏度挡位调节过低。

（6）套压太低（小于 0.2MPa）或无套管气，没有传送介质，声音无法在井筒内传播。

处理方法：

（1）测试液面时，有干扰波，无法分辨出液面波位置的处理方法：

① 重新标定回声仪。

② 热洗井稳定后，重测。

（2）测试液面操作时，有自激现象的处理方法：

① 调整，紧固井口部件，消除振动。

② 调整仪器灵敏度重新测试。

③ 检修，标定回音仪。

（3）井口波杂乱，峰值过高的处理方法：

① 降低灵敏度挡位重测。

② 重新打开套管阀。

（4）延长测试时间，等待足够时间，待二次波出现后再关机。

（5）调高灵敏度重新测试。

（6）套压太低（小于 0.2MPa）或无套管气井进行测试时，可采取以下方法测试：

① 在井口连接器后接头安装氮气瓶或待套压升高后再测。

② 关闭油套连通阀憋高套压后重新测试。

63. 免攀爬防喷装置常见故障有什么现象？故障原因有哪些？如何处理？

故障现象：

（1）快速接头无法插入。

（2）液压电动举升泵无力。

（3）防喷管回落途中卡住。

（4）折叠底座螺母旋转费劲或漏水。

故障原因：

（1）管内有余压或快速接头内有泥沙或异物。

（2）液压泵内电池电量不足或传压管堵塞。

（3）油缸进口阻流管堵塞。

（4）误操作导致的变形或损伤。

处理方法：

（1）用手握住快速接头，在坚硬物体表面铺上擦布，使顶部撞针向下，在擦布上用力下按释放余压，用擦布清除接头内的泥沙或异物。

（2）检查电压指示应在绿色区域，电压值应高于8V，电量不足及时充电；检查传压管，如堵塞应送修更换传压管。

（3）缓慢卸松快速接头连接处螺纹，泄掉内部压力。在折叠底座不工作时将其拆下清理。

（4）返厂维修。

参考文献

［1］ 大庆油田有限责任公司．采油测试工：生产测井单位专用．北京：石油工业出版社，2014．

［2］ 中国石油天然气集团有限公司人事部．测井工：上册．青岛：中国石油大学出版社，2020．

［3］ 中国石油天然气集团有限公司人事部．测井工：下册．青岛：中国石油大学出版社，2020．

［4］ 中国石油天然气集团有限公司人事部．工程技术专业危害因素辨识与风险防控．青岛：中国石油大学出版社，2018．

［5］ 中国石油天然气集团有限公司人事部．油气田开发专业危害因素辨识与风险防控［M］．北京：石油工业出版社，2018．

［6］ 中国石油天然气集团有限公司人事部．采油测试工：上册．北京：石油工业出版社，2019．

［7］ 中国石油天然气集团有限公司人事部．采油测试工：下册．北京：石油工业出版社，2019．

［8］ 杨景海，邓刚，闫术，等．试井手册：上册．2版．北京：石油工业出版社，2022．

［9］ 杨景海，邓刚，闫术，等．试井手册：下册．2版．北京：石油工业出版社，2022．

［10］ 张厚福，方朝亮，高先志，等．石油地质学．北京：石油工业出版社，1999．

［11］ 中国石油天然气集团公司安全环保与节能部．HSE管理体系基础知识．北京：石油工业出版社，2012．